U0738608

Spark SQL
入门与实践指南

纪 涵 靖晓文 赵政达 著

清华大学出版社

北京

内 容 简 介

Spark SQL 是 Spark 大数据框架的一部分，支持使用标准 SQL 查询和 HiveQL 来读写数据，可用于结构化数据处理，并可以执行类似 SQL 的 Spark 数据查询，有助于开发人员更快地创建和运行 Spark 程序。

全书分为 4 篇，共 9 章，第一篇讲解了 Spark SQL 发展历史和开发环境搭建。第二篇讲解了 Spark SQL 实例，使得读者掌握 Spark SQL 的入门操作，了解 Spark RDD、DataFrame 和 DataSet，并熟悉 DataFrame 各种操作。第三篇讲解了基于 WiFi 探针的商业大数据分析项目，实例中包含数据采集、预处理、存储、利用 Spark SQL 挖掘数据，一步一步带领读者学习 Spark SQL 强大的数据挖掘功能。第四篇讲解了 Spark SQL 优化的知识。

本书适合 Spark 初学者、Spark 数据分析人员以及 Spark 程序开发人员，也适合高校和培训学校相关专业的师生教学参考。

本书封面贴有清华大学出版社防伪标签，无标签者不得销售

版权所有，侵权必究。举报：010-62782989，beiqinquan@tup.tsinghua.edu.cn。

图书在版编目（CIP）数据

Spark SQL 入门与实践指南 / 纪涵，靖晓文，赵政达著. — 北京：清华大学出版社，2018 (2022.5重印)
ISBN 978-7-302-49670-0

I. ①S… II. ①纪… ②靖… ③赵… III. ①数据处理软件—指南 IV. ①TP274-62

中国版本图书馆 CIP 数据核字（2018）第 034811 号

责任编辑：夏毓彦
封面设计：王　翔
责任校对：闫秀华
责任印制：杨　艳

出版发行：清华大学出版社
　　　　　网　　址：http://www.tup.com.cn，http://www.wqbook.com
　　　　　地　　址：北京清华大学学研大厦 A 座　　　　邮　　编：100084
　　　　　社 总 机：010-83470000　　　　　　　　　邮　　购：010-62786544
　　　　　投稿与读者服务：010-62776969，c-service@tup.tsinghua.edu.cn
　　　　　质量反馈：010-62772015，zhiliang@tup.tsinghua.edu.cn

印 装 者：三河市龙大印装有限公司
经　　销：全国新华书店
开　　本：190mm×260mm　　　印　　张：13.25　　　字　　数：339 千字
版　　次：2018 年 4 月第 1 版　　　　　　　　　印　　次：2022 年 5 月第 3 次印刷
定　　价：49.00 元

产品编号：076458-01

前　言

我们处于一个数据爆炸的时代！

大量涌现的智能手机、平板、可穿戴设备及物联网设备每时每刻都在产生新的数据，然而带来革命性变革的并非海量数据本身，而是我们如何从这些数据中挖掘到有价值的信息，来辅助我们做出更加智能的决策。我们知道，在生产环境下，所谓的大数据往往是由数千万条、上亿条具有多个预定义字段的数据单元组成的数据集，是不是很像传统关系型数据库的二维数据表呢？那么我们是否也能找到一个像 SQL 查询那样简便的工具来高效地分析处理大数据领域中的海量结构化数据呢？没错，这个工具就是 Spark SQL。

Spark SQL 是 Spark 用来操作结构化数据的高级模块，在程序中通过引入 Spark SQL 模块，我们便可以像从前在关系型数据库利用 SQL（结构化查询语言）分析关系型数据库表一样简单快捷地在 Spark 大数据分析平台上对海量结构化数据进行快速分析，而 Spark 平台屏蔽了底层分布式存储、计算、通信的细节以及作业解析、调度的细节，使我们开发者仅需关注如何利用 SQL 进行数据分析的程序逻辑就可以方便地操控集群来分析我们的数据。

本书内容

本书共分为四篇：入门篇、基础篇、实践篇、调优篇，所有代码均采用简洁而优雅的 Scala 语言编写，Spark 框架也是使用 Scala 语言编写的。

第一部分　入门篇（第 1、2 章）

第 1 章简要介绍 Spark 的诞生、Spark SQL 的发展历史以及 Spark SQL 的用处等内容，使读者快速了解 Spark SQL 背景知识，为以后的学习奠定基础。

第 2 章通过讲解 Spark SQL 开发环境的搭建、Spark 作业的打包提交、常见问题的解答，并结合大量图示，使读者快速掌握开发环境的搭建以及提交应用程序到集群上，为后面章节的学习奠定坚实的基础。

第二部分　基础篇（第 3、4、5、6 章）

第 3 章是真正开始学习 Spark SQL 必要的先修课，其中详尽地介绍了 Spark 框架对数据的核心抽象——RDD（弹性分布式数据集）的方方面面。先介绍与 RDD 相关的基本概念，例如转化操作、行动操作、惰性求值、缓存，讲解的过程伴随着丰富的示例，旨在提高读者对 RDD 的理解与加强读者的 RDD 编程基础。在讲明白 RDD 中基础内容的同时，又深入地剖析了疑点、难点，例如 RDD Lineage（RDD 依赖关系图）、向 Spark 传递函数、对闭包的理解等。在之前对基本类型 RDD 的学习基础上，又引入了对特殊类 RDD——键值对 RDD 的大致介绍，在键值对 RDD 介绍中对 combineByKey 操作的讲解，深入地从代码实现的角度洞悉了 Spark 分布式计算的实质，旨在帮助对 RDD 有着浓厚兴趣的读者做进一步的拓展。最后，站在 RDD 设计者的角度重新审视了 RDD 缓存、持久化、checkpoint 机制，从而诠释了 RDD 为什么能够很好地适应大数据分析业务的特点，有天然强大的容错性、易恢复性和高效性。

第 4 章对 Spark 高级模块——Spark SQL，也就是本书的主题，进行了简明扼要的概述，并讲述了相应的 Spark SQL 编程基础。先是通过与前一章所学的 Spark 对数据的核心抽象——RDD 的对比，引出了 Spark SQL 中核心的数据抽象——DataFrame，讲解了两者的异同，点明了 Spark SQL 是针对结构化数据处理的高级模块的原因在于其内置丰富结构信息的数据抽象。后一部分通过丰富的示例讲解了如何利用 Spark SQL 模块来编程的主要步骤，例如，从结构化数据源中创建 DataFrames、DataFrames 基本操作以及执行 SQL 查询等。

第 5、6 章属于 Spark SQL 编程的进阶内容，也是我们将 Spark SQL 应用于生产、科研计算环境下，真正开始分析多类数据源、实现各种复杂业务需求必须要掌握的知识。在第 5 章里，我们以包含简单且典型的学生信息表的 JSON 文件作为数据源，深入对 DataFrame 丰富强大的 API 进行研究，以操作讲解加示例的形式包揽了 DataFrame 中每一个常用的行动、转化操作，进而帮助读者轻松高效地组合使用 DataFrame 所提供的 API 来实现业务需求。在第 6 章里，介绍了 Spark SQL 可处理的各种数据源，包括 Hive 表、JSON 和 Parquet 文件等，从广度上使读者了解 Spark SQL 在大数据领域对典型结构化数据源的皆可处理性，从而使读者真正在工作中掌握一门结构化数据的分析利器。

第三部分　实践篇（第 7、8 章）

第 7 章通过讲解大型商业实例项目（基于 WiFi 探针的商业大数据分析技术）的功能需求、系统架构、功能设计、数据库结构来帮助读者理解如何在实际开发中应用 Spark SQL 来处理结构化数据，加强读者的工程思维，同时为第 8 章的学习做好铺垫。

第 8 章通过讲解分布式环境搭建以及项目代码的解析来帮助读者进一步理解 Spark SQL 应用程序的执行过程，在后一部分介绍了 Spark SQL 程序的远程调试方法和 Spark 的 Web 界面，帮助读者更加方便地了解程序的运行状态。

第四部分　调优篇（第 9 章）

调优篇由第 9 章组成，本篇从 Spark 的执行流程到内存以及任务的划分，再到 Spark 应用程序的编写技巧，接着到 Spark 本身的调优，最后引出数据倾斜的解决思路，层层递进，逐步解析 Spark 的调优思想。最后以对 Spark 执行引擎 Tungsten 与 Spark SQL 的解析引擎 Catalyst

的介绍作为本部分的结尾。笔者将在本篇中带领读者掌握 Spark 的调优方式以及思想，让 Spark 程序再快一点。

本书适合读者

本书适合于学习数据挖掘、有海量结构化数据分析需求的大数据从业者及爱好者阅读，也可以作为高等院校相关专业的教材。建议在学习本书内容的过程中，理论联系实际，独立进行一些代码的编写，采取开放式的实验方法，即读者自行准备实验数据和实验环境，解决实际问题，最终达到理论联系实际的目的。

本书在写作过程中得到了家人以及本书编辑的大力支持，在此对他们一并表示感谢。

本书由纪涵（主要负责基础篇的编写）主笔，其他参与著作的还有靖晓文（主要负责实践篇的编写）、赵政达（主要负责入门篇、调优篇的编写），排名不分先后。

纪　涵
2018 年 2 月

目　录

第三部分　实践篇

第四部分　优化篇

第一部分　入门篇

本书的第一部分由第 1 章和第 2 章组成。第 1 章主要从 Spark SQL 的由来以及 Spark SQL 能做什么两方面对 Spark SQL 进行简单的介绍。第 2 章介绍 Spark 程序编写环境的搭建和 Spark 程序的打包及提交。

第1章
初识Spark SQL

在这一章中读者将大致了解 Spark SQL 的发展历程、Spark SQL 的特点,以及用 Spark SQL 能做些什么。

1.1 Spark SQL 的前世今生

1. Spark 的诞生

相信大家都听说过 MapReduce 这个框架,MapReduce 是对分布式计算的一种抽象。程序员对 map 方法和 reduce 方法进行简单的编写就能迅速地构建出并行化的程序,而不用担心工作在集群上的分布和集群当中数据的容错,这就大大地降低了程序的编写和部署难度。

遗憾的是,MapReduce 这个框架缺少了对分布式内存利用的抽象,这就导致了在不同的计算任务间(比如说两个 MapReduce 工作之间)对数据重用的时候只能采用将数据写回到硬盘中的方法。而计算机将数据写回到磁盘的这个过程耗时是很长的。如今,许多机器学习的算法都需要对数据进行重用,并且这些算法中都包含着大量的迭代计算,比如说 PageRank、K-means 等算法。如果使用 MapReduce 来实现这些算法,那么在执行的时候,将会有大量的时间被消耗在 I/O 上面。针对这个问题,伯克利大学提出了 RDDs(弹性分布式数据集 RDDs 是一个具有容错性和并行性的数据结构,它可以让我们将中间结果持久化到内存中)的思想,RDDs 提供了对内存的抽象,然后伯克利大学根据 RDDs 的思想设计出了一个系统,Spark 就这样诞生了。

2. 从 Shark 到 Spark SQL

Spark 诞生之后,人们开始使用 Spark,并且喜欢上了 Spark。渐渐的,使用 Spark 的人越来越多。突然有一天,一部分人产生了一个大胆的想法:Hadoop 上面有 Hive,Hive 能把 SQL 转成 MapReduce 作业,这多么方便啊! Spark 这么好用的系统却没有配备类似 Hive 这样的工具,要不我们也造一个这样的工具吧! 于是 Shark 被提了出来,Shark 将 SQL 语句转成 RDD 执行。这就仿照了 Hadoop 生态圈,做出了一个 Spark 版本的"Hive"。做出这个工具之后人们十分开心,因为他们终于也能愉快地使用 SQL 对数据进行查询分析了,可以大大地提高程序的编写效率。图 1-1 所示是 Shark 的架构示意图,来自 https://amplab.cs.berkeley.edu/wp-content/

uploads/2012/03/mod482-xin1.pdf。

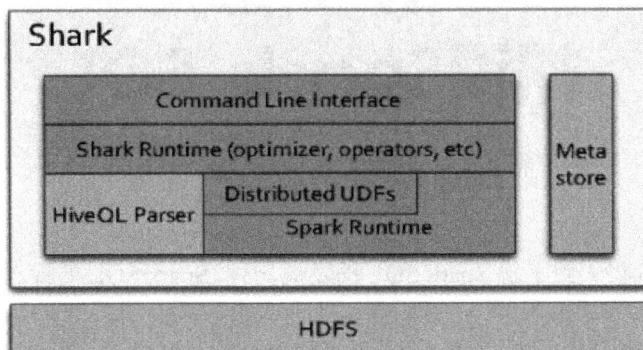

图 1-1

随着越来越多的人使用 Shark 和其版本的更新，人们发现 Shark 具有一定的局限性。细心的小伙伴会发现图 1-1 中 Shark 的框架使用了 HiveQL Parser 这一模块。这样一来 Shark 对 Hive 有了依赖，导致 Shark 添加一些新的功能或者修改一些东西时特别不方便。这样 Shark 的发展受到了严重的限制。

由于 Shark 这样的一些弊端，在 2014 年左右人们决定终止 Shark 这个项目并且将精力转移到 Spark SQL 的研发当中去。之后一个新的 SQL 引擎——Spark SQL 就诞生了。

1.2 Spark SQL 能做什么

现在我们知道了 Spark SQL 是怎么来的，那么 Spark SQL 到底能做些什么呢？下面我们根据 ETL（数据的抽取、转换、加载）的三个过程来讲解一下 Spark SQL 的作用。

（1）抽取（Extract）：Spark SQL 可以从多种文件系统（HDFS、S3. 本地文件系统等）、关系型数据库（MySQL、Oracle、PostgreSQL 等）或 NoSQL 数据库（Cassandra、HBase、Druid 等）中获取数据，Spark SQL 支持的文件类型可以是 CSV、JSON、XML、Parquet、ORC、Avro 等。得益于 Spark SQL 对多种数据源的支持，Spark SQL 能从多种渠道抽取人们想要的数据到 Spark 中。

（2）转换（Transform）：我们常说的数据清洗，比如空值处理、拆分数据、规范化数据格式、数据替换等操作。Spark SQL 能高效地完成这类转换操作。

（3）加载（Load）：在数据处理完成之后，Spark SQL 还可以将数据存储到各种数据源（前文提到的数据源）中。

如果你以为 Spark SQL 只能做上面这些事情，那你就错了。Spark SQL 还可以作为一个分布式 SQL 查询引擎通过 JDBC 或 ODBC 或者命令行的方式对数据库进行分布式查询。Spark

SQL 中还有一个自带的 Thrift JDBC/ODBC 服务,可以用 Spark 根目录下的 sbin 文件夹中的 start-thriftserver.sh 脚本启动这个服务。Spark 中还自带了一个 Beeline 的命令行客户端,读者可以通过这个客户端连接启动的 Thrift JDBC/ODBC,然后提交 SQL。

如果你以为 Spark SQL 能做的只有这些,那你就错了。Spark SQL 还可以和 Spark 的其他模块搭配使用,完成各种各样复杂的工作。比如和 Streaming 搭配处理实时的数据流,和 MLlib 搭配完成一些机器学习的应用。

第 2 章
Spark安装、编程环境搭建
以及打包提交

通过上一章的学习，相信读者已经了解了 Spark SQL 是什么、能做什么、发展状况如何，在这一章中读者将学习在 Linux 中完成 Spark 的安装，以及搭建本书后面需要用到的 Spark 程序的编写环境，并能够将程序打包提交到 Spark 中运行。

2.1 Spark 的简易安装

搭建 Spark 之前需要读者先安装好 Hadoop，由于这个环境用于本书学习，这里建议部署单机或者伪分布式的 Hadoop。另外，关于 Hadoop 的安装这里不予以介绍，大家可自行搜集 Hadoop 安装教程，确保 HDFS 能正常使用即可。Spark 2.2.0 官网中明确表明了：Spark 2.2.0 不支持 Java 7、Python 2.6 以及 Hadoop 2.6.5 之前的版本。笔者使用的系统是 CentOS 7、Java 8、Hadoop 2.7.3，这里配的 Spark 是单机模式。

步骤 01 下载 Spark 安装包。

进入 Spark 的下载页面 https://spark.apache.org/downloads.html，如图 2-1 所示。

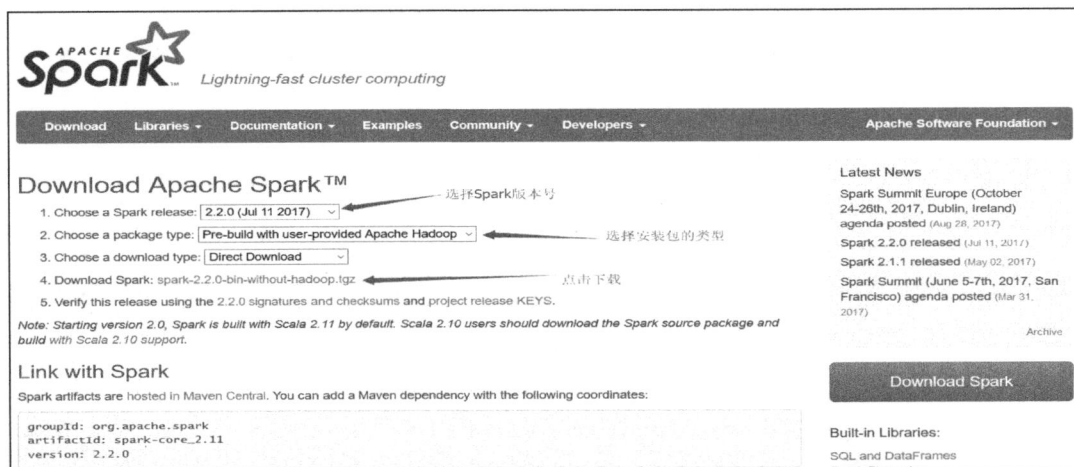

图 2-1

按图片上的指示将安装包下载解压到你喜欢的地方即可。

步骤 02　编辑解压之后的 Spark 文件夹中的 conf 文件夹下的 spark-env.sh 和 slaves 文件。

什么？没有这两个文件？别担心，看到 conf 文件夹下的 spark-env.sh.template、slaves.template 这两个文件了吗？这是模板文件，我们将其复制并改名即可，参考如下命令：

```
cp ./spark-env.sh.template ./spark-env.sh
cp ./slaves.template ./slaves
```

然后编辑 spark-env.sh 文件，如图 2-2 所示。

```
vim ./spark-env.sh
```

图 2-2

为什么要配置 SPARK_DIST_CLASSPATH 这个变量呢？

因为我们刚刚选择的 Spark 版本是 Hadoop Free 版本，Spark 使用 Hadoop 的 HDFS 和 YARN 库。Spark 自从 1.4 版本之后就允许我们将 Spark 和任意版本的 Hadoop 连接起来（虽说是任意版本但 Spark 对 Hadoop 版本还是有一定要求的。比如 Spark 2.2.0 官方文档的 overview 中有这么一句话：Note that support for Java 7, Python 2.6 and old Hadoop versions before 2.6.5 were removed as of Spark 2.2.0），但是需要我们配置 SPARK_DIST_CLASSPATH 这个变量。详情请看图 2-3。

图 2-3

7

编辑 slaves 文件：

```
vim ./slaves
```

在末尾加上本机的 IP，比如 127.0.0.1。

步骤 03　*启动 Spark，运行 spark-shell。*

运行 spark 根目录下 sbin 文件夹中的 start-all.sh，如图 2-4 所示。

```
[root@localhost spark220]# sbin/start-all.sh
starting org.apache.spark.deploy.master.Master, logging to /root/bd/spark220/logs/spark-root
-org.apache.spark.deploy.master.Master-1-localhost.localdomain.out
127.0.0.1: starting org.apache.spark.deploy.worker.Worker, logging to /root/bd/spark220/logs
/spark-root-org.apache.spark.deploy.worker.Worker-1-localhost.localdomain.out
```

图 2-4

运行 firefox localhost:8080 &命令即可查看 Web UI（不同端口的 Web UI 作用不一样），如图 2-5、图 2-6 所示。（建议读者们多了解一下 Web UI）

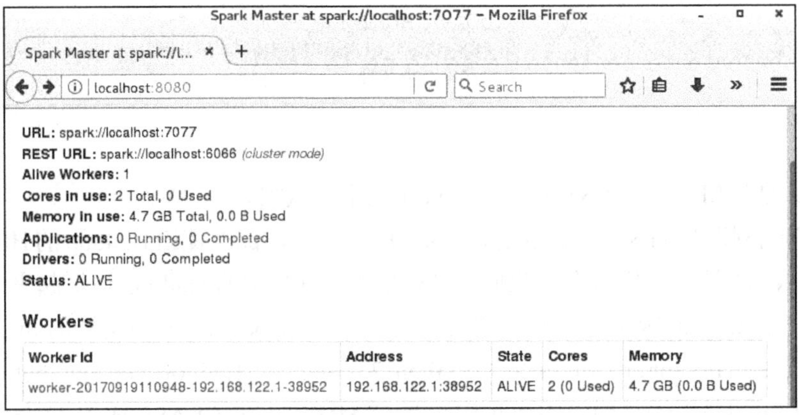

图 2-5

```
[root@localhost spark220]# spark-shell
Setting default log level to "WARN".
To adjust logging level use sc.setLogLevel(newLevel). For SparkR, use setLogLevel(newLe
vel).
17/09/22 12:02:31 WARN util.NativeCodeLoader: Unable to load native-hadoop library for
your platform... using builtin-java classes where applicable
17/09/22 12:02:32 WARN util.Utils: Your hostname, localhost.localdomain resolves to a l
oopback address: 127.0.0.1; using 192.168.122.1 instead (on interface virbr0)
17/09/22 12:02:32 WARN util.Utils: Set SPARK_LOCAL_IP if you need to bind to another ad
dress
Spark context Web UI available at http://192.168.122.1:4040
Spark context available as 'sc' (master = local[*], app id = local-1506052952983).
Spark session available as 'spark'.
Welcome to
      ____              __
     / __/__  ___ _____/ /__
    _\ \/ _ \/ _ `/ __/  '_/
   /___/ .__/\_,_/_/ /_/\_\   version 2.2.0
      /_/

Using Scala version 2.11.8 (Java HotSpot(TM) 64-Bit Server VM, Java 1.8.0_141)
Type in expressions to have them evaluated.
Type :help for more information.
```

图 2-6

这时如果在终端中进入 spark-shell 运行则会报错，因为需要先启动 Hadoop 的 HDFS 再启动 spark-shell。启动完 HDFS 之后，我们来运行一下 spark-shell。

图 2-6 是 Spark Shell 的启动界面。我们成功地进入了 spark-shell，注意红方框的内容。

（1）此时 4040 端口的 Web UI（localhost:4040）可以访问了（Spark Shell 运行时和 Spark 作业运行时该 UI 才能正常访问），读者可以去看看，熟悉一下 Web UI 的界面。

（2）spark-shell 启动的时候会自动创建 SparkContext 以及 SparkSession 的实例，变量名分别为 sc 和 spark，可以在 spark-shell 中直接使用。

输入 ":help" 可以查看 spark-shell 的命令帮助，如图 2-7 所示。

```
scala> :help
All commands can be abbreviated, e.g., :he instead of :help.
:edit <id>|<line>         edit history
:help [command]           print this summary or command-specific help
:history [num]            show the history (optional num is commands to show)
:h? <string>             search the history
:imports [name name ...]  show import history, identifying sources of names
:implicits [-v]           show the implicits in scope
:javap <path|class>       disassemble a file or class name
:line <id>|<line>         place line(s) at the end of history
:load <path>              interpret lines in a file
:paste [-raw] [path]      enter paste mode or paste a file
:power                    enable power user mode
:quit                     exit the interpreter
:replay [options]         reset the repl and replay all previous commands
:require <path>           add a jar to the classpath
:reset [options]          reset the repl to its initial state, forgetting all session entries
:save <path>              save replayable session to a file
:sh <command line>        run a shell command (result is implicitly => List[String])
:settings <options>       update compiler options, if possible; see reset
:silent                   disable/enable automatic printing of results
:type [-v] <expr>         display the type of an expression without evaluating it
:kind [-v] <expr>         display the kind of expression's type
:warnings                 show the suppressed warnings from the most recent line which had any
```

图 2-7

输入 ":quit" 可以退出 spark-shell。

建议多在 spark-shell 中练习。

步骤 04　运行 SparkPI 实例程序，验证 Spark 是否能正常运行（见图 2-8）。

```
bin/run-example SparkPi
```

```
[root@localhost spark220]# bin/run-example SparkPi
17/09/22 12:00:20 INFO spark.SparkContext: Running Spark version 2.2.0
```

图 2-8

在输出日志的底部可以看到运行的结果，如图 2-9 所示。

```
17/09/19 11:33:32 INFO scheduler.DAGScheduler: Job 0 finished: reduce at SparkPi.scala:38, took 1.121576 s
Pi is roughly 3.141275706378532
17/09/19 11:33:32 INFO server.AbstractConnector: Stopped Spark@51a06cbe{HTTP/1.1,[http/1.1]}{0.0.0.0:4040}
17/09/19 11:33:32 INFO ui.SparkUI: Stopped Spark web UI at http://192.168.122.1:4040
17/09/19 11:33:32 INFO spark.MapOutputTrackerMasterEndpoint: MapOutputTrackerMasterEndpoint stopped!
17/09/19 11:33:32 INFO memory.MemoryStore: MemoryStore cleared
17/09/19 11:33:32 INFO storage.BlockManager: BlockManager stopped
17/09/19 11:33:32 INFO storage.BlockManagerMaster: BlockManagerMaster stopped
17/09/19 11:33:32 INFO scheduler.OutputCommitCoordinator$OutputCommitCoordinatorEndpoint: OutputCommitCoordinator stopped!
17/09/19 11:33:32 INFO spark.SparkContext: Successfully stopped SparkContext
17/09/19 11:33:32 INFO util.ShutdownHookManager: Shutdown hook called
17/09/19 11:33:32 INFO util.ShutdownHookManager: Deleting directory /tmp/spark-1a21c9d9-9b0f-4285-8db1-1f483ddaf54f
```

图 2-9

至此，Spark 的简易搭建就完成了。

2.2 准备编写 Spark 应用程序的 IDEA 环境

首先安装 IntelliJ IDEA 的 Community 版本，这个版本是免费开源的（遵循 Apache 2.0）。

步骤 01 访问 IntelliJ IDEA 的官方下载页面（https://www.jetbrains.com/idea/download/），下载 IntelliJ IDEA 的 Community 版本，然后安装。

步骤 02 打开 IDEA，并配置 Java 的 JDK。

电脑上没有 JDK 的读者请先安装 Java 的 JDK，并配置 Java 环境变量。

JDK 的下载地址为 http://www.oracle.com/technetwork/java/javase/downloads/index.html。下载安装完成之后，配置一下 JAVA_HOME 这个环境变量即可，如图 2-10、图 2-11 所示。

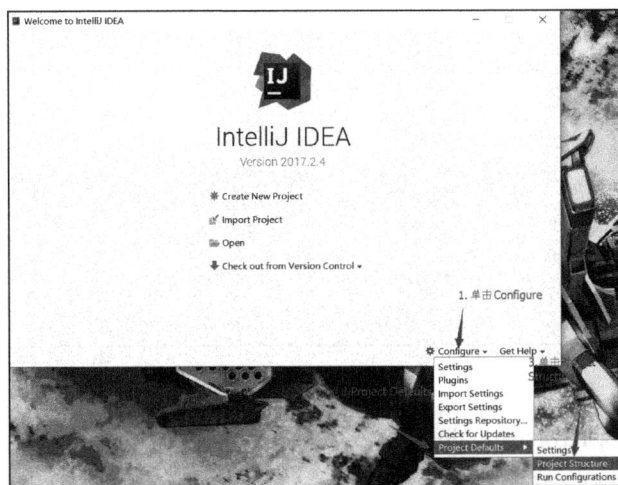

图 2-10

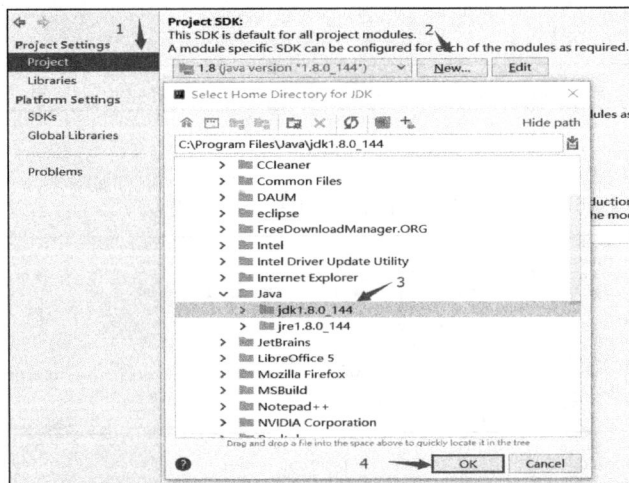

图 2-11

步骤 **03** 在 IDEA 中安装 Scala 插件，如图 2-12~图 2-14 所示。

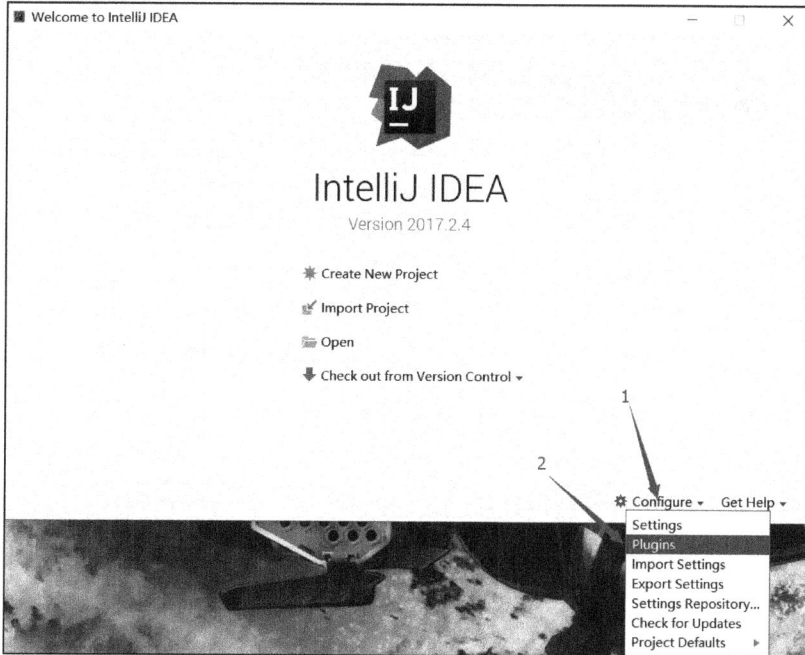

图 2-12

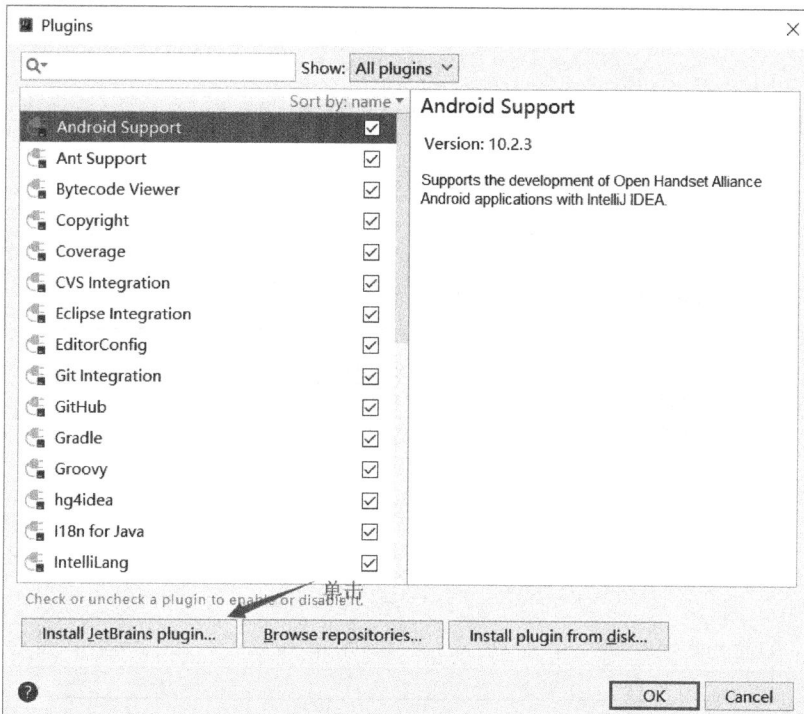

图 2-13

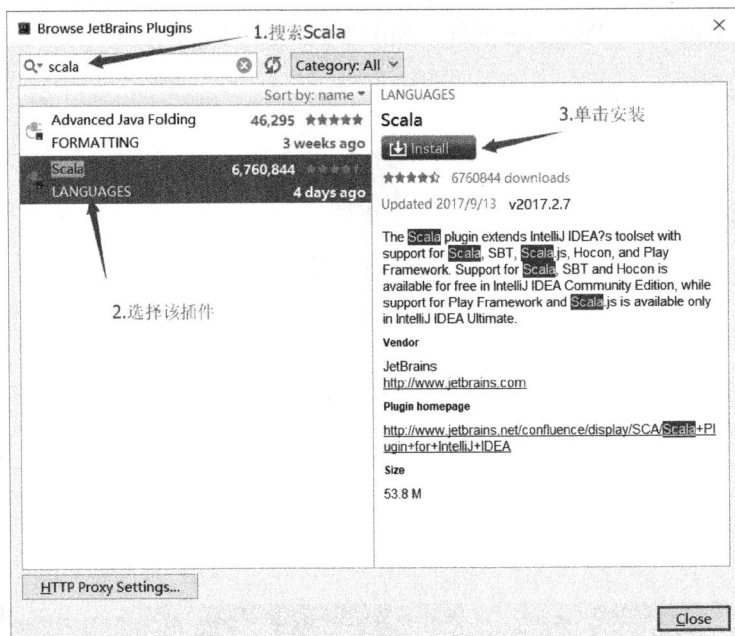

图 2-14

按照图中的指示安装完之后单击 Close 按钮回到 plugin 页面后单击 OK 按钮。之后会提示重启，如图 2-15 所示。

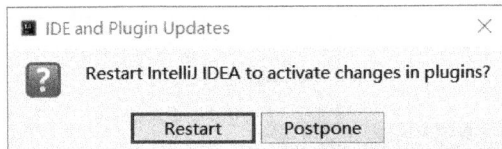

图 2-15

重启一下 IDEA 即可（单击 Restart 按钮）。

步骤 04 创建 Scala sbt 项目，如图 2-16、图 2-17 所示。

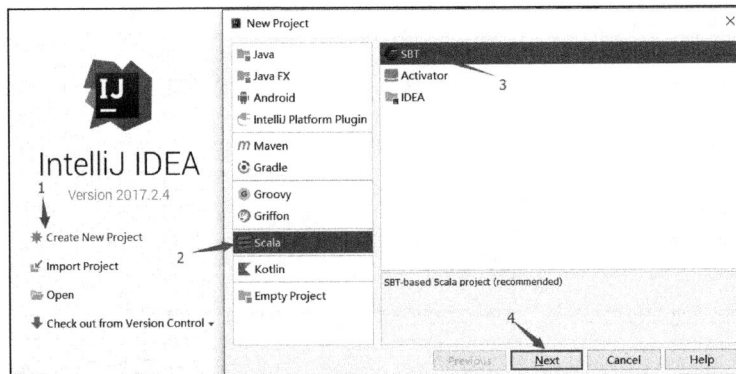

图 2-16

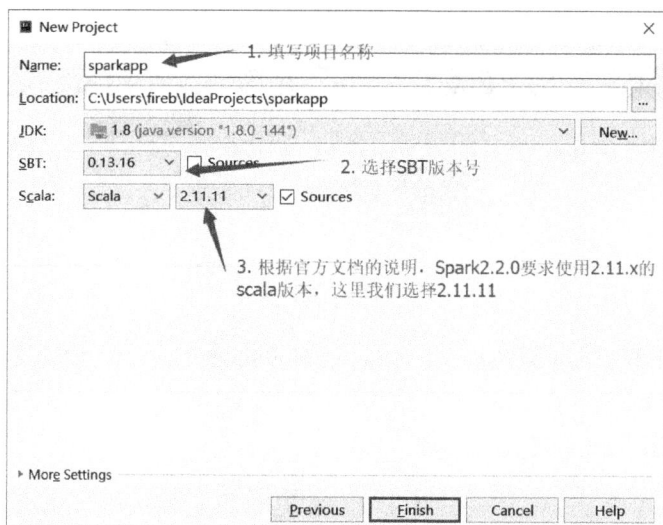

图 2-17

按照图上的指示操作之后单击 Finish 按钮，然后就是一段长时间的等待，直到显示在 IDEA 底部的任务完成（等待的时间长短和网速的快慢有关），如图 2-18 所示。

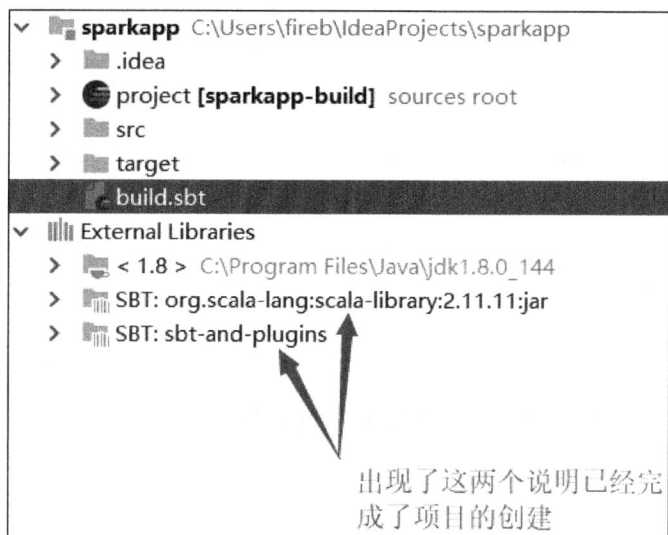

图 2-18

步骤 05　添加依赖。

访问 https://search.maven.org 页面。

这里可以进行 Maven 仓库的搜索。

单击 ADVANCED SEARCH，如图 2-19 所示。

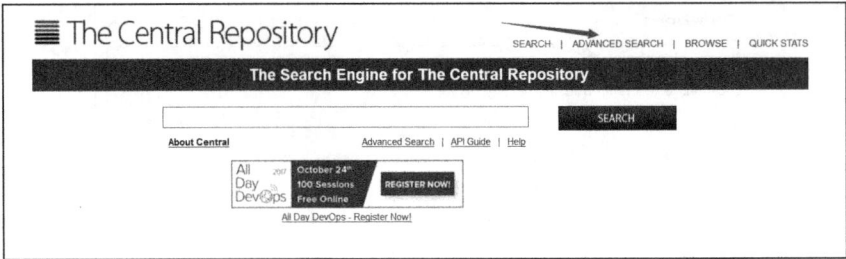

图 2-19

访问 Spark 的下载页面 ttps://spark.apache.org/downloads.html ，如图 2-20 所示。

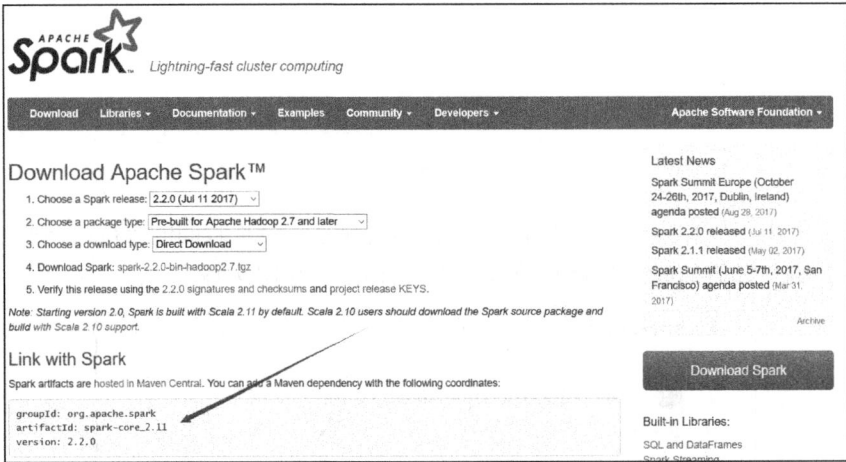

图 2-20

在之前的高级搜素界面中，对应填上相应的信息，如图 2-21 所示。

图 2-21

搜索的结果如图 2-22 所示。

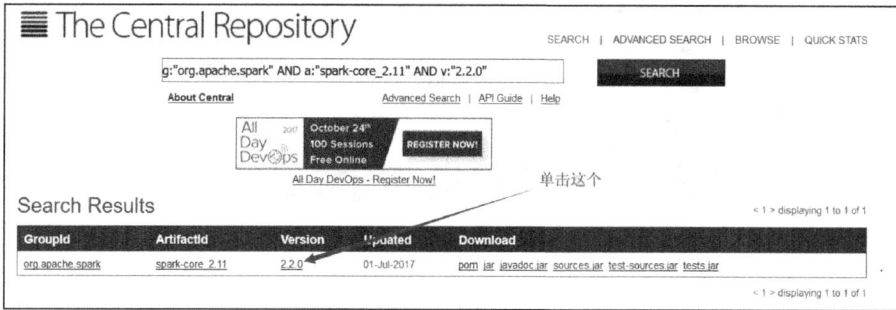

图 2-22

然后按图 2-23 中的指示操作查看 SBT 的依赖。

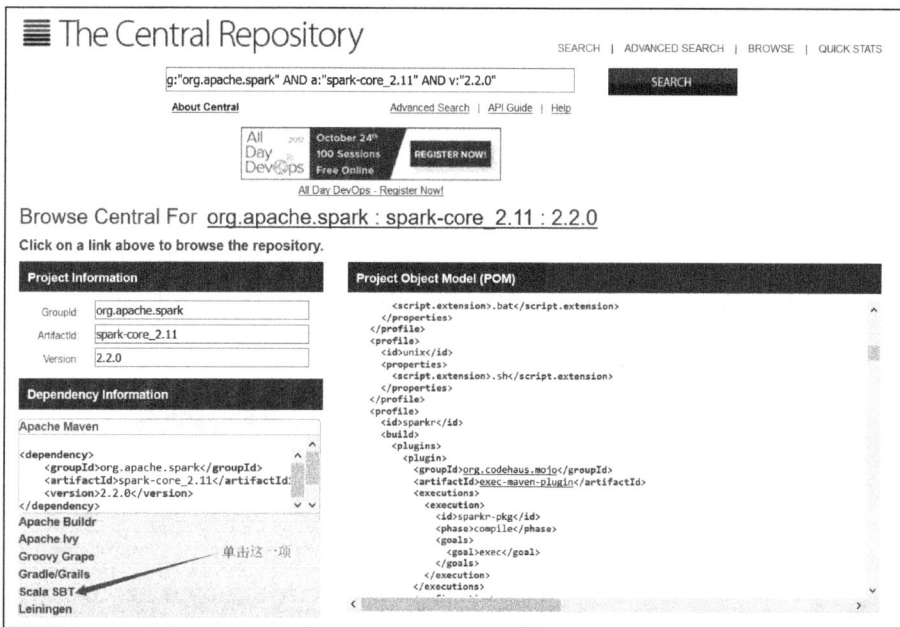

图 2-23

复制里面的内容（见图 2-24）。

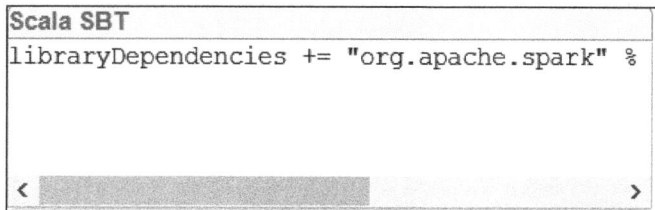

图 2-24

如图 2-25 所示，双击打开 IDEA sparkapp 项目里面的 build.sbt 文件。

图 2-25

将刚刚复制的内容粘贴到这个文件中，如图 2-26 所示。

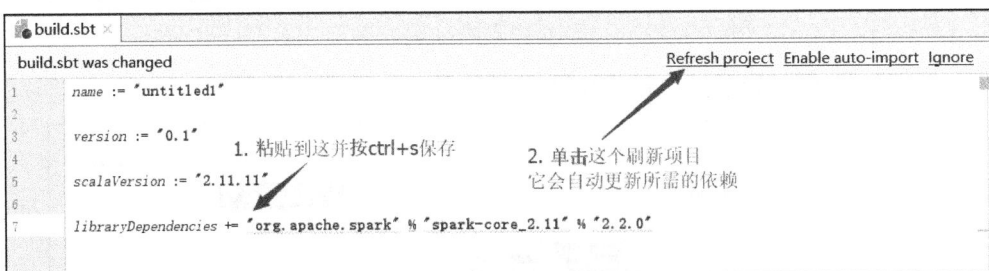

图 2-26

等待依赖刷新（等待 IDEA 界面下方任务栏的任务完成）。因为我们使用的是 Spark SQL，所以我们还需要额外添加 Spark SQL 的依赖，如图 2-27 所示。

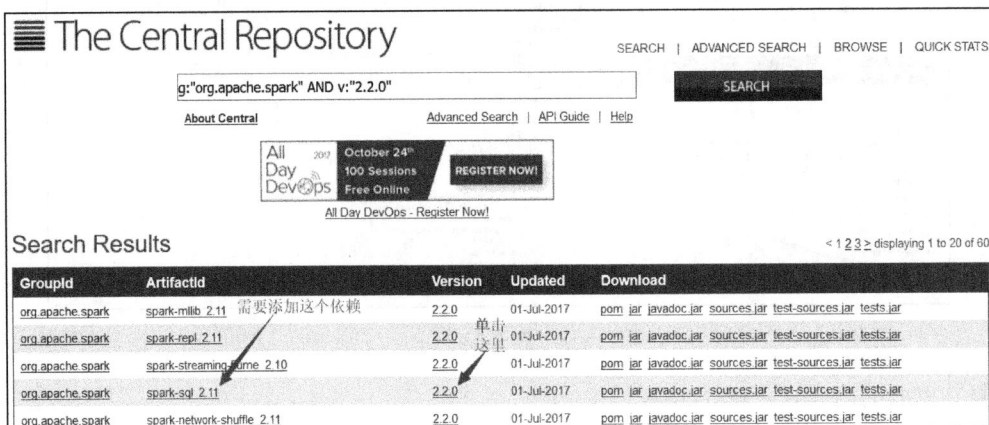

图 2-27

同样的，我们选择 Scala SBT 项，如图 2-28 所示。

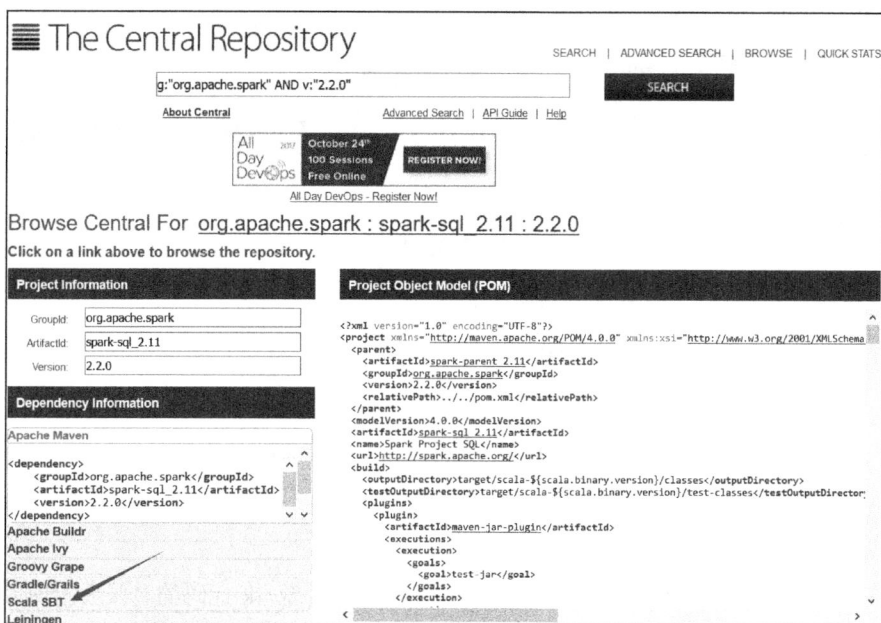

图 2-28

复制如图 2-29 所示的内容。

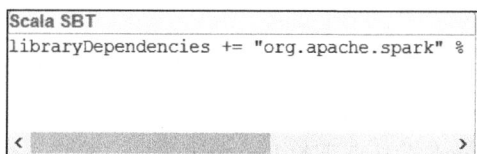

图 2-29

编辑 build.sbt 文件，如图 2-30 所示。

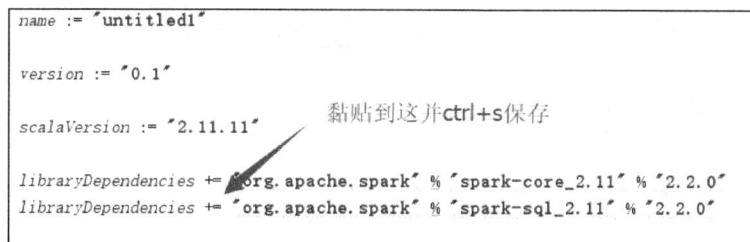

图 2-30

等待依赖刷新完成。

步骤 **06**　创建 Scala 文件。

创建 Scala 文件，如图 2-31 所示。

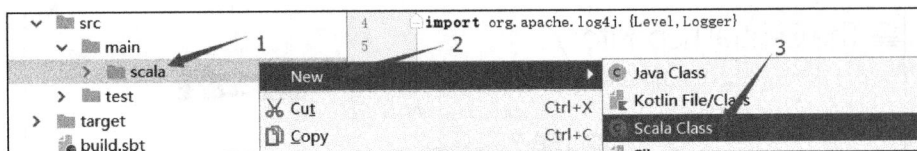

图 2-31

在弹出来的提示框中填写文件名，如图 2-32 所示。

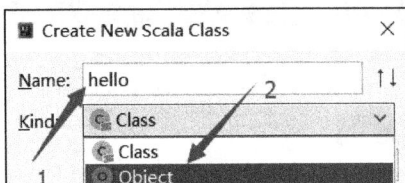

图 2-32

到此为止 Spark 程序的编写环境就搭建好了。

如果在 Windows 环境下用 IDEA 编写程序，那么在运行 Spark 代码的时候会出现以下错误：

```
ERROR Shell: Failed to locate the winutils binary in the hadoop binary path
java.io.IOException: Could not locate executable null\bin\winutils.exe in the
Hadoop binaries.
```

解决方法：

● 需要在 Windows 中下载 Hadoop 以及配置 Hadoop 的环境变量。

● 需要下载 http://public-repo-1.hortonworks.com/hdp-win-alpha/ winutils.exe 这个文件并将其放置到 Hadoop 根目录下的 bin 文件夹中。其实，这个问题在 Hadoop Wiki 中已经给出了解决的办法：https://wiki.apache.org/hadoop/ WindowsProblems。

2.3 将编写好的 Spark 应用程序打包成 jar 提交到 Spark 上

图 2-33

当我们使用 SBT 建好项目并且编写完程序之后，有时可能需要将其打包，我们可以使用 IDEA 内置的 SBT 将工程打包。

首先打开项目，将鼠标指针移到 IDEA 右下角的小方框图案上，就会出现一个菜单，单击 SBT Shell，如图 2-33 所示。

出现一个 SBT Shell，在红色箭头处输入命令，如图 2-34 所示。

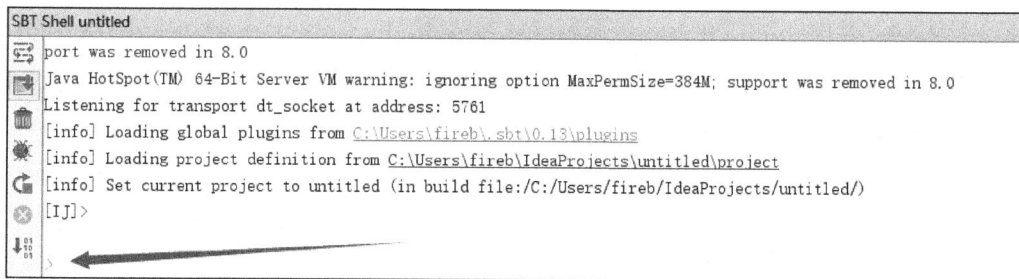

图 2-34

依次输入 clean 命令，回车，清除已生成的文件。

然后输入 compile 命令，回车，编译文件，等待其编译完成。

最后输入 package 命令，回车，打包成 jar。

打包好的文件在 target 目录下的 scala-2.11 文件夹下。读者可以到工程目录下找到这个打包好的文件，如图 2-35 所示。

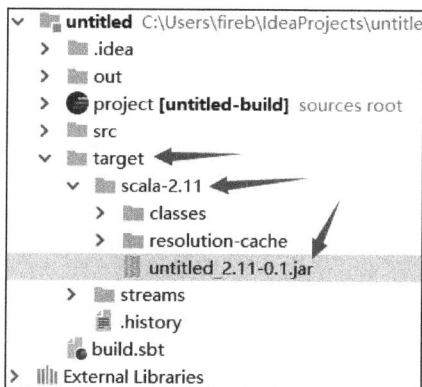

图 2-35

下面我们来讲一下如何使用 spark-submit 将打包好的 jar 提交到 Spark 上运行。

在 Linux 虚拟机中右击虚拟机桌面，打开终端，在终端中输入 spark-submit　--help，可以查看 spark-submit 的详细帮助。

下面我们来说一下 spark-submit 的几个常用选项。

（1）--class 指向程序中的主类。例如：

```
--class  "helloworld"
```

（2）--master 是指集群的 master URL。

举个例子，在本地运行就可以这样写：

```
--master local    //这是在本地运行
--master local[K]    //这是在本地运行并且启动 K（数字比如1，2，3这样的）个 worker 线程，如果
K 设置为*（这样：--master local[*]）则表示使用机器上的所有逻辑核心数作为参数 K 的值
--master local[K,F]    //这是在本地运行并且启动 K 个 worker 线程（这里的 K 也设置为 *），并且
```

设置任务的最大出错数为 F 次

使用这种方式由于是直接在本地运行的,并没有提交到集群上,所以 8080 端口的 Web UI 中看不到提交的任务。

如果想在 standalone 模式下运行则可以这样写:

```
--master spark://host:port  //host 是 master 的 ip 或者 hostname, 这里的端口号默认是7077
这个端口号可以在8080端口的 Web UI 界面中看到
--master spark://host:port,host2:port2  //如果有备用的 master 则可以这样写, 在不同的
master 之间用逗号隔开
```

如果使用了 mesos 作为集群的资源管理器,则可以这样写:

```
--master mesos://host:port   //和 standalone 的写法类似
```

如果使用了 YARN 作为集群的资源管理器,则可以这样写:

```
--master yarn  //如果使用这种方式则需要读者设置好 Hadoop 的 HADOOP_CONF_DIR 和
YARN_CONF_DIR 环境变量
```

(3) --deploy-mode 设置以什么模式运行, 有 cluster 和 client 两种, 默认是 client 模式。

(4) --conf 后面跟配置属性的键和值, 详情可参看下面的模板。

下面给出大体的模板:

```
./bin/spark-submit \
  --class <main-class> \
  --master <master-url> \
  --deploy-mode <deploy-mode> \
  --conf <key>=<value> \
  ... #其他参数, 详情请参考 spark-submit --help
<jar 的路径> \
```

注意: "\"反斜杠用于换行。

下面给出一个例子供读者参考:

```
./bin/spark-submit \
  --class "helloworld" \
  --master spark://master:7077 \
  --deploy-mode cluster \
  --executor-memory 20G \
  --total-executor-cores 100 \
/path/to/examples.jar \
1000
```

第二部分 基础篇

本部分由第 3~6 章组成,第 3 章是本书中篇幅最长的一章,同时也是真正开始学习 Spark SQL 必要的先修课,其中详尽地介绍了 Spark 框架对数据的核心抽象——RDD(弹性分布式数据集)的方方面面。先介绍与 RDD 相关的基本概念,例如转化操作、行动操作、惰性求值、缓存,讲解的过程伴随着丰富的示例,旨在提高读者对 RDD 的理解与加强读者的 RDD 编程基础。在讲明白 RDD 中基础内容的同时,又深入地剖析了疑点、难点,例如 RDD Lineage (RDD 依赖关系图)、向 Spark 传递函数、对闭包的理解等。在之前对基本类型 RDD 的学习基础上,又引入了对特殊类 RDD——键值对 RDD 的大致介绍,在键值对 RDD 介绍中对 combineByKey 操作的讲解,深入地从代码实现的角度洞悉了 Spark 分布式计算的实质,旨在帮助对 RDD 有着浓厚兴趣的读者做进一步的拓展。最后,站在 RDD 设计者的角度重新审视了 RDD 缓存、持久化、checkpoint 机制,从而诠释了 RDD 为什么能够很好地适应大数据分析业务的特点,有天然强大的容错性、易恢复性和高效性。

第 4 章对 Spark 高级模块——Spark SQL,也就是本书的主题,进行了简明扼要的概述,并讲述了相应的 Spark SQL 编程基础。先是通过与我们前一章所学的 Spark 对数据的核心抽象——RDD 的对比,引出了 Spark SQL 中核心的数据抽象——DataFrame,讲解了两者的异同,点明了 Spark SQL 是针对结构化数据处理的高级模块的原因在于其内置丰富结构信息的数据抽象。后一部分通过丰富的示例讲解了如何利用 Spark SQL 模块来编程的主要步骤,例如,从结构化数据源中创建 DataFrame、DataFrame 基本操作以及执行 SQL 查询等。

第 5、6 章属于 Spark SQL 编程的进阶内容,也是我们将 Spark SQL 应用于生产、科研计算环境下,真正开始分析多类数据源、实现各种复杂业务需求必须要掌握的知识。在第 5 章里,我们以包含简单且典型的学生信息表的 JSON 文件作为数据源,深入对 DataFrame 丰富强大的 API 进行研究,以操作讲解加示例的形式包揽了 DataFrame 中每一个常用的行动、转化操作,进而帮助读者轻松高效地组合使用 DataFrame 所提供的 API 来实现业务需求。在第 6 章里,介绍了 Spark SQL 可处理的各种数据源,包括 Hive 表、JSON 和 Parquet 文件等,从广度上使读者了解 Spark SQL 在大数据领域对典型结构化数据源的皆可处理性,从而使读者真正在工作中掌握一门结构化数据的分析利器。

第 3 章
Spark上的RDD编程

本书是 Spark SQL 入门书籍，重点讲述的是如何利用 Spark SQL （类似传统的 SQL 查询）在分布式平台上轻松便捷地处理结构化数据集。

对于 Spark 平台的初学者来说，首先应该了解 Spark 对数据的核心抽象——弹性分布式数据集（Resilient Distributed Dataset，RDD）及 RDD 编程基础，进而学习 Spark 处理某些特定问题的特定模块，包括 Spark SQL（结构化数据集处理）、Spark Streaming（流计算）、MLlib（机器学习）、GraphX（图计算）。

学 RDD 有什么好处？

RDD API 是 Spark 上处理数据的最基本编程方式。

RDD 是 Spark 的核心，通过熟悉 RDD 编程，可看出分布式数据集在 Spark 多个节点分阶段（stage）并行计算的实质，即每个节点按照 Spark 任务执行计划的调度有序在每个节点分别计算结果，最后一步步按照调度器的调度将结果合并，将结果返回至 Spark 客户端，而 Spark 为程序员提供的便利就在于此，隐藏 Spark 底层各节点通信、协调、容错细节，成功地让程序员在 Spark 上采用类似往常单机编程那样的模式，就可以轻松操控整个集群进行数据挖掘。

什么是 RDD？

RDD 即弹性分布式数据集（Resilient Distributed Datasets），是 Spark 对数据的核心抽象，也就意味着在 Spark 上进行数据挖掘首先需要将待处理数据源转化成 RDD，在此 RDD 上进行操作。

何为对数据的核心抽象？即数据组织、处理基本单位，在 Spark 中如果不引入高级模块，包括 Spark SQL（结构化数据集处理）、Spark Streaming（流计算）、MLlib（机器学习）、GraphX（图计算），那么在 Spark 中，对数据的所有操作不外乎创建 RDD、转化已有 RDD 以及调用 RDD 操作（API）进行求值，而在这一切背后，Spark 会自动将 RDD 中的数据分发到集群个节点上，并将操作并行化执行。

RDD 是 Spark 的重要组成部分，加深对于 RDD 的学习与理解，有利于理解分布式计算的实质以及 Spark 计算框架的实现。

3.1 RDD 基础

本节概述 RDD 编程基本要点，对 RDD 编程兴趣不大的读者，可在本章的学习中只阅读 3.1 节 RDD 基础、3.2 节 RDD 简单实例等内容跳过本章，继续进行 Spark SQL 这一核心内容的学习，因为在后面的章节中只涉及少量 RDD 转化问题，所以读者掌握了 RDD 的基本内容即可理解 Spark RDD、DataFrame 的区别与共性，进而了解它们各自的编程特点以及应用场合，强烈推荐有志于深入理解 Spark 的读者全面学习本章内容。

Spark 中的 RDD 就是一个不可变的分布式对象集合。每个 RDD 都被分为多个分区（partitions），这些分区被分发到集群中的不同节点上进行计算。RDD 可以包含 Python、Java、Scala 中任意类型的对象，甚至可以包含用户自定义的对象。

3.1.1 创建 RDD

用户可以使用两种方法创建 RDD：读取一个外部数据集，或在驱动程序里转化驱动程序中的对象集合（比如 list 和 set）为 RDD。

例 3-1：使用 textFile() 创建一个字符串的 RDD

```
scala> val distFile = sc.textFile("data.txt")
distFile: org.apache.spark.rdd.RDD[String] = data.txt MapPartitionsRDD[10] at
textFile at <console>:26
```

3.1.2 RDD 转化操作、行动操作

创建出来后，RDD 支持两种类型的操作：转化操作（transformations）和行动操作（actions）。

1. 转化操作

转化操作会由一个 RDD 生成一个新的 RDD，例如，RDD 通过 map(func)函数遍历并利用 func 处理每一个元素，进而生成新的 RDD 就是一个常见的转化操作。

在示例 3-2 中，map 遍历 RDD[String]中的每一个 String 对象，此时的每一个 String 对象表示的便是文件的每一行，进而借助传入 map 的(s => s.length)匿名函数求出每一行（String 对象）长度，转化为记录着每一行长度的新的 RDD（lineLengths）。

例 3-2：调用转化操作 map()

```
val lines = sc.textFile("data.txt")
val lineLengths = lines.map(s => s.length)
```

2. 行动操作

另一方面，行动操作会对 RDD 计算出一个结果，是向应用程序返回值，或向存储系统

导出数据的那些操作，例如 count（返回 RDD 中的元素个数）、collect（返回 RDD 所有元素）、save（将 RDD 输出到存储系统）。

take(n) 是返回 RDD 前 n 个元素的一个行动操作，如例 3-3 所示，查看前二十行的字数。

例 3-3：调用 take()行动操作

```scala
val lineLengths = lines.map(s => s.length)
lineLengths.take(20).foreach(println)
```

reduce()是并行整合所有 RDD 数据的行动操作，例如求和操作，如例 3-4，根据例 3-2 得到记录每行字数的 RDD（lineLengths），可用 reduce()对每行字数进行求和，进而求出文件总字长。

例 3-4：调用 reduce()行动操作

```scala
val totalLength = lineLengths.reduce((a, b) => a + b)
```

3.1.3　惰性求值

转化操作和行动操作的区别在于 Spark 计算 RDD 的方式不同。虽然你可以在任何时候通过转化操作定义新的 RDD，Spark 只是记录 RDD 的转换过程，不会直接进行计算，它们只有第一次在一个行动操作中用到时，才会真正触发计算。

大家看下面的示例（见图 3-1）。

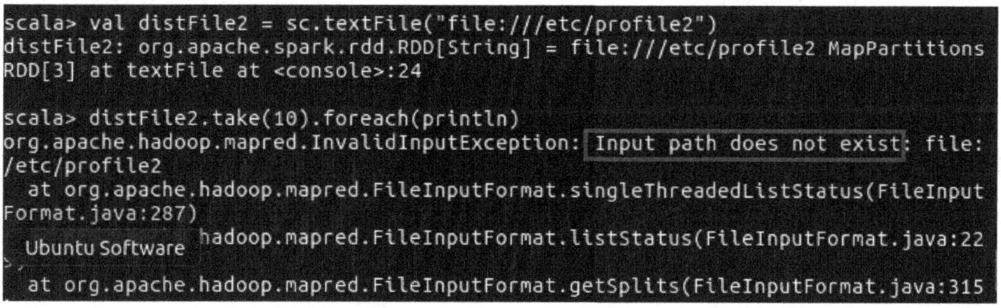

```
scala> val distFile2 = sc.textFile("file:///etc/profile2")
distFile2: org.apache.spark.rdd.RDD[String] = file:///etc/profile2 MapPartitions
RDD[3] at textFile at <console>:24

scala> distFile2.take(10).foreach(println)
org.apache.hadoop.mapred.InvalidInputException: Input path does not exist: file:
/etc/profile2
  at org.apache.hadoop.mapred.FileInputFormat.singleThreadedListStatus(FileInput
Format.java:287)
      hadoop.mapred.FileInputFormat.listStatus(FileInputFormat.java:22
  at org.apache.hadoop.mapred.FileInputFormat.getSplits(FileInputFormat.java:315)
```

图 3-1

该示例中，笔者通过 SparkContext（图中第一行中的 sc）提供的方法 textFile()读取本地文件（/etc/profile2）来创建 RDD，哪怕实际上该文件并不存在，也能成功创建 RDD。当 RDD 遇到第一个行动（actions）操作时，需要对 RDD 进行计算，此时才会报错，也就说明了转化操作的本质：记录旧 RDD 如何转化成新 RDD，而不会立即进行计算，以免浪费资源。

这种策略刚开始看起来可能会显得有些奇怪，不过在大数据领域却十分有道理。

比如，看看例 3-2 和例 3-3，我们以一个文本文件定义了 RDD，然后借助 map(s=>s.length) 定义了一个新的记录着每一行字数的新的 RDD。如果 Spark 在运行 val lines = sc.textFile("data.txt")、val lineLengths = lines.map(s => s.length)这样的转化操作时，就把文件中所有的行都读取并存储起来，并进行对每一行字数的计算，就会消耗很多存储空间和计算资源。

相反，一旦 Spark 了解了完整的转化、行动操作链之后，它就可以只计算求结果时真正需要的数据，以及必要的运算。事实上，如例 3-3 在运行 lineLengths.take(20).foreach(println)行动操作时，Spark 只需要扫描文件直到找到前 20 行进行计算即可，即在例 3-3 中，不管数据源文件多大，真正读取并进行字数计算的只有该文件前 20 行，因为 take()行动操作只涉及文件前 20 行，而不需要读取整个文件，从而节省了大量存储、计算资源。

3.1.4　RDD 缓存概述

默认情况下，Spark 的 RDD 会在你每次对它们进行行动操作时重新计算。如果想在多个行动操作中重用同一个 RDD，可以使用 RDD.persist() /RDD.cache()让 Spark 把这个 RDD 缓存下来。我们可以让 Spark 把数据以多种形式持久化到许多不同的地方（memory、disk），可用的选项会在 3.8 节具体讲述。在第一次对持久化的 RDD 计算之后（假如我们的持久化级别是 MEMORY_ONLY），Spark 会把 RDD 的内容保存到内存中（以分区方式存储到集群中的各节点上），这样在之后的行动操作中就可以重用这些数据了。我们也可以把 RDD 缓存到磁盘上而不是内存中。

默认不进行持久化可能也显得有些奇怪，不过这对于大规模数据集是很有意义的：在实际情况中，通常大部分的数据只使用一次。我们可以用 Spark 遍历数据一遍，计算得出我们想要的结果，所以我们没有必要浪费存储空间来将这些数据持久化。Spark 在计算过后就默认释放掉这些使用过的数据，这种方式可以避免内存的浪费。

在实际操作中，会经常用 persist() 来把数据的一部分读取到内存中，并反复查询这部分数据。例如，如果我们想多次对记录着文件每一行字数的 RDD（lineLengths）进行计算，就可以将 lineLengths 持久化到内存，如例 3-5 所示。

例 3-5：把 RDD 持久化到内存中

```
scala> val lineLengths = lines.map(s=>s.length)
lineLengths: org.apache.spark.rdd.RDD[Int] = MapPartitionsRDD[2] at map at
<console>:26

scala> lineLengths.cache()

scala> lineLengths.first()
res2: Int = 77

scala> lineLengths.count()
res0: Long = 6

scala> lineLengths.reduce((a,b)=>a+b)
res1: Int = 378
```

3.1.5　RDD 基本编程步骤

RDD 的基本编程步骤如下：

步骤 01　读取内、外部数据源创建 RDD。

步骤 02　使用诸如 map()、filter() 这样的转化操作对 RDD 进行转化，以定义新的 RDD。

步骤 03　对需要被重用的 RDD 手动执行 persist()/cache() 操作。

步骤 04　使用行动操作，例如 count() 和 first() 等，来触发一次并行计算，Spark 会对记录下来的 RDD 转换过程进行优化后再执行计算。

3.2　RDD 简单实例——wordcount

通过 3.1 节 RDD 基础的理论讲解，相信读者对于在 Spark 上编程模式（RDD）有了一定的了解，接下来我们通过一个实例来看看如何利用 RDD 编程来统计一篇文章的词频度，从而更加直观地理解 RDD。

```
val fileRDD = sc.textFile("hdfs://...")
val counts = fileRDD.flatMap(line => line.split(" "))
                    .map(word => (word, 1))
                    .reduceByKey(_ + _)
counts.saveAsTextFile("hdfs://...")
```

在该实例中，首先借助 SparkContext 提供的 textFile() 函数从 HDFS（Hadoop 分布式文件系统）读取要统计词频的文件转化为记录着每一行内容的 RDD[String](fileRDD)，此时的 RDD 是由表示每一行内容的字符串对象组成的集合。.flapMap（line=>line.split("")）将每一行的单词按空格分隔，从而形成了记录着文本文件所有单词的 RDD，此时 RDD 的每一个元素对应着某一个单词。.map(word=>(word,1))将上一步得到的记录着每一个单词的 RDD 转化为(word,1)这种记录着每一个单词出现一次的键值（key-value）对 RDD，以方便下一步采用 reduceByKey(_+_)来按照键（key）将相同的单词出现次数进行相加，进而求出每个词的词频，最后通过.saveAsTextFile()函数将结果存入 HDFS 中。

以上的分析过程中，我们也可以看出 flapMap（func）和 map（func）的区别和联系，同为遍历 RDD 所有元素并使用传入函数 func 对每一个元素进行处理的函数，最大的不同在于 RDD 一个元素经 flapMap 处理后会变成一个或多个元素，正如上述实例记录着每一行内容的 RDD 被转化为记录着每一个单词的 RDD，而 map 处理后仍为一对一的关系。

另外上面的示例中.flapMap、.map、.reduceByKey 在写法上可写为紧凑的一行，即：

```
fileRDD.flatMap(line => line.split(" ")).map(word => (word, 1)).reduceByKey(_+_)
```

请读者不要误解，虽写法不同，但依然表示三个连续的转化操作，下一个转化操作的父 RDD 便是上一个转化操作的结果 RDD。

补充：SparkContext——Spark 编程主入口点

SparkContext 是 Spark 编程的主入口点，SparkContext 负责与 Spark 集群的连接，可以被用于在集群上创建 RDDs、累加器（accumulators）和广播变量（broadcast variables）。在 Spark-shell 中，SparkContext 已经被系统默认创建以供用户使用，为 sc，如图 3-2 所示。

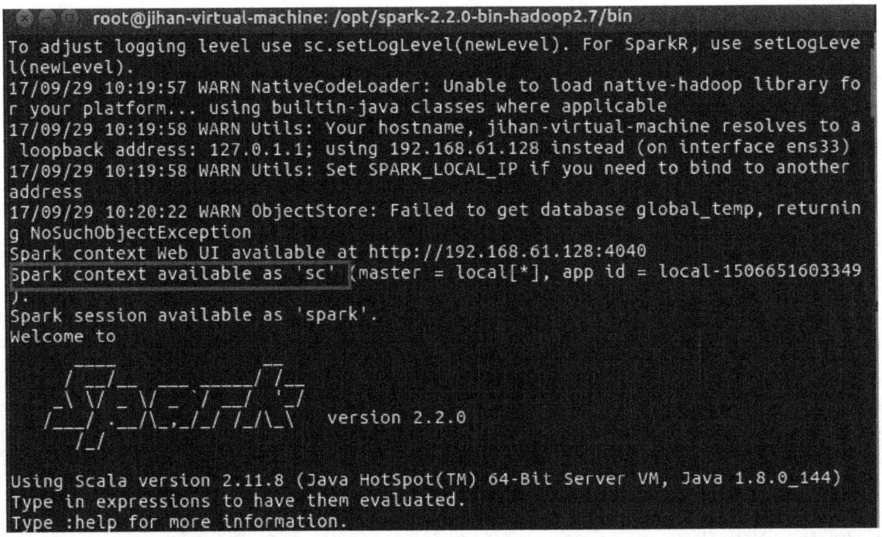

图 3-2

可以看到通过简单的编程就可以分析出这篇文章每个词的频度，但你想过吗，假如这个需要统计词频的文件有 10TB 大小呢，远远超过单机存储、计算的能力，这种情况我们可以使用 Spark 简单的构建分布式应用程序，解决复杂的大数据处理问题，而不用去考虑底层（通信、容错，等等）实现的细节，这就是 Spark 的强大之处。

3.3 创建 RDD

与 3.1 节粗略地讲解 RDD 编程基础不同，接下来的章节（3.3~3.6）会详细全面地讲解 RDD 编程步骤中的每一个方面，涉及更多的编程细节和更丰富的 RDD 转化操作、行动操作实例，使读者能在上两节的 RDD 学习基础上，更加熟练地利用 RDD 解决大数据问题。

Spark 提供了两种常见的创建 RDD 的方式：①调用 SparkContext 的 parallelize()方法将数据并行化生成 RDD。②从外部存储系统（如 HDFS、共享文件系统、HBase 或提供 Hadoop InputFormat 的任何数据源）中引用数据生成 RDD。

3.3.1 程序内部数据作为数据源

创建 RDD 最简单的方式（实际开发中并不常用，一般在 spark-shell 中临时测试、运行示例时使用）就是把程序中一个已有的集合传给 SparkContext 的 parallelize() 方法，对集合并行化，从而创建 RDD。这种方式在学习 Spark 时非常有用，它让你可以在 spark-shell 中快速创建出自己的 RDD，然后对这些 RDD 进行操作。不过，需要注意的是，除了开发原型和测试的情况，这种方式用得并不多，毕竟这种方式需要把你的整个数据集先放在一台机器的内存中。

通过调用 SparkContext 的 parallelize 方法将驱动程序已经存在的数据集转化为并行化集合（Parallelized Collections）。集合的元素被复制以形成可并行操作的分布式数据集。例如，下面创建一个包含数字 1 ~ 5 的并行集合：

```
val data = Array(1, 2, 3, 4, 5)
val distData = sc.parallelize(data)
```

一旦创建，分布式数据集（distData）就可以进行并行操作。例如，我们可以调用 distData.reduce((a, b) => a + b)将数组的元素相加。

并行集合的一个重要参数是将数据集切割到的分区数（partitions）。Spark 将为集群的每个 RDD 分区运行一个计算任务，即 RDD 每一个分区是计算任务的基本分配单位，而非整个 RDD。通常，Spark 会根据集群实际情况自动设置分区数。但是，也可以通过将其作为第二个参数传递给 parallelize 来手动设置，如下实例欲将 data 数据集切分为 10 个分区。

```
sc.parallelize(data, 10)
```

3.3.2　外部数据源

实际开发中更常用的方式是从外部存储系统中读取数据来创建 RDD。

Spark 支持多种数据源，比如 HDFS、Cassandra、HBase、Amazon S3 或者其他支持 Hadoop 的数据源。Spark 支持多种文件格式，比如普通文本文件、SequenceFiles、Parquet、CSV、JSON、对象文件、Hadoop 的输入输出文件等。

文本文件可以使用 SparkContext 的 textFile(path: String, minPartitions: Int = defaultMinPartitions)方法创建 RDD。此方法需要一个文件的 URI（本地路径的机器上，或一个 hdfs://、s3n://等 URI），另外可以通过第二个参数 minPartitions: Int 设置 RDD 分区数，返回值为由 String 对象组成的 RDD[Srting]。下面是一个从本地文本系统读取文本文件作为外部数据源的示例调用：

```
scala> val distFile = sc.textFile("file: ///usr/local/data.txt", 10)
distFile: org.apache.spark.rdd.RDD[String] = data.txt MapPartitionsRDD[10] at
textFile at <console>:26
```

使用 textFile()方法之后返回一个 RDD 对象，可以通过变量 distFile 调用 RDD 类中定义的的方法。

例如，我们可以查看 RDD 分区信息和分区个数，如下所示：

```
scala> distFile.partitions
res4: Array[org.apache.spark.Partition] =
```

```
Array(org.apache.spark.rdd.HadoopPartition@41e,
org.apache.spark.rdd.HadoopPartition@41f,
org.apache.spark.rdd.HadoopPartition@420,
org.apache.spark.rdd.HadoopPartition@421,
org.apache.spark.rdd.HadoopPartition@422,
org.apache.spark.rdd.HadoopPartition@423,
org.apache.spark.rdd.HadoopPartition@424,
org.apache.spark.rdd.HadoopPartition@425,
org.apache.spark.rdd.HadoopPartition@426,
org.apache.spark.rdd.HadoopPartition@427)
scala>distFile.partitions.length
res5: Int = 10
```

也可以使用 filter 方法筛选含有特定字段的行：

```
val memoryErrorRows = DistFile.filter("OutOFMemory")
```

1. textFile()函数精讲

```
def textFile(path: String, minPartitions: Int = defaultMinPartitions): RDD[String]
    Read a text file from HDFS, a local file system (available on all nodes), or any Hadoop-
    supported file system URI, and return it as an RDD of Strings.
```

textFile()函数参数分析：

（1）path: String，path 用来表示 RDD 外部数据源路径信息的 URI（Uniform Resource Identifier，统一资源标识符），这个 URI 可以是 HDFS（Hadoop 分布式文件系统）、本地文件系统，以及任何一个 Hadoop 支持的文件系统的 URI。

图 3-3 所示为 Hadoop 支持的文件系统以及其 URI 写法。

文件系统	URI前缀	hadoop的具体实现类
Local	file	fs.LocalFileSystem
HDFS	hdfs	hdfs.DistributedFileSystem
HFTP	hftp	hdfs.HftpFileSystem
HSFTP	hsftp	hdfs.HsftpFileSystem
HAR	har	fs.HarFileSystem
KFS	kfs	fs.kfs.KosmosFileSystem
FTP	ftp	fs.ftp.FTPFileSystem
S3 (native)	s3n	fs.s3native.NativeS3FileSystem
S3 (blockbased)	s3	fs.s3.S3FileSystem

图 3-3

URI 写法演示：

● 　本地文件系统：file:///usr/local/spark/spark-2.2.0-bin-hadoop2.7/README.md

● 　HDFS：hdfs://namenode:namenodeport/path

（2）minPartitions: Int = defaultMinPartitions ，minPartitions 参数用来指定生成的 RDD 的分区（partition）数，需要注意的是 RDD 的 partition 个数其实是在逻辑上将数据集进行划分，RDD 各分区的实质是记录着数据源的各个文件块（block）在 HDFS 位置的信息集合，并不是数据源本身的集合，因此 RDD partitons 数目也受 HDFS 的 split size 影响，HDFS 默认文件块（block）大小为 128MB，这就意味着当数据源文件小于 128MB 时，RDD 分区数并不会按照 minPartitions 进行指定分区，而只有一个分区。

另外需要注意的一点是 RDD 的每个 Partition 对应着一个 task（执行任务），如果 partition 的数量多，能起实例的资源也多，那自然并发度就多；如果 partition 数量少，资源很多，它也不会有很多并发。如果 partition 的数量很多，但是资源少，那么并发也不大，它会算完一批再继续起下一批，所以根据集群资源合理地设置分区数，有利于提高并行度、充分利用资源。

有关 Spark 的 textFile()读取文件的一些注意事项如下：

①如果需从本地文件系统读取文件作为外部数据源,则文件必须确保集群上的所有工作节点可访问。可以将文件复制到所有工作节点或使用集群上的共享文件系统。

②Spark 所有的基于文件的读取方法，包括 textFile 支持读取某个目录下多个指定文件，支持部分的压缩文件和通配符。例如，可以使用 textFile("/my/directory/*")读取该目录下所有文件，可以采用通配符匹配同一类型文件 textFile("/my/directory/*.txt")，也可以读取压缩文件 textFile("/my/directory/*.gz")，还可以使用 textFile("/my/directory/data1.txt","/my/directory/data2txt")同时读取来自不同路径的多个文件。

③该 textFile 方法还采用可选的第二个参数来控制文件的分区数。默认情况下，Spark 为文件的每个块创建一个分区（HDFS 中默认为 128MB），但也可以通过传递更大的值来请求更高数量的分区。请注意，不能有比块少的分区。

2. Spark 的 Scala API 还支持其他几种数据格式

除了文本文件，Spark 的 Scala API 还支持其他几种数据格式：

① 　SparkContext.wholeTextFiles 可用于读取包含多个小文本文件的目录，并将其作为 (filename, content)表示的(文件名,文件内容)键值对组成的 RDD 返回。这与 textFile 每个文件中的每行返回一条记录不同。分区由数据局部性确定，在某些情况下，可能导致分区太少。对于这些情况，wholeTextFiles 提供了一个可选的第二个参数来控制分区的最小数量。如下示例是读取 HDFS 同一目录下多个小文件。

例 3-6：HDFS 同一目录下待读取的多个小文件

```
hdfs://a-hdfs-path/part-00001
hdfs://a-hdfs-path/part-00002
...
hdfs://a-hdfs-path/part-0000n
```

使用 sparkContext.wholeTextFile 读取该目录下所有小文件：

```
val rdd = sparkContext.wholeTextFile("hdfs://a-hdfs-path/*")
```

返回的 RDD 包括：

```
(a-hdfs-path/part-00001, its content)
(a-hdfs-path/part-00002, its content)
...
(a-hdfs-path/part-0000n, its content)
```

② 对于 SequenceFiles，请使用 SparkContext 的 sequenceFile[K，V]方法，方法中 K 和 V 分别表示文件每一条记录中的键和值。K、V 表示的类型应该是 Hadoop 的 Writable 接口的子类，如 IntWritable 和 Text 类。例如以下示例使用 sequenceFile[Int, String]方法读取以下内容特点（key 为整数类型，value 为文本）的 Sequence 文件，如图 3-4 所示。

图 3-4

```
def hadoopRDD[K, V](conf: JobConf, inputFormatClass: Class[_ <: InputFormat[K, V]], keyClass: Class[K], valueClass:
    Class[V], minPartitions: Int = defaultMinPartitions): RDD[(K, V)]
    Get an RDD for a Hadoop-readable dataset from a Hadoop JobConf given its InputFormat and other necessary info (e.g. file name for a filesystem-based dataset,
    table name for HyperTable), using the older MapReduce API (org.apache.hadoop.mapred).
```

若 Spark 需读取 Hadoop 支持的其他数据源作为 RDD 数据源时，可以使用该 SparkContext.hadoopRDD 方法读取，该方法需设置相应的 Hadoop JobConf 类（org.apache.hadoop.mapred.JobConf）并输入格式类和其他必要信息（例如读取基于文件系统的数据集，需指定文件名；读取 HyperTable 这种基于数据库表的数据集，需指定相关表名）。

```
def newAPIHadoopRDD[K, V, F <: InputFormat[K, V]](conf: Configuration = hadoopConfiguration, fClass: Class[F], kClass:
    Class[K], vClass: Class[V]): RDD[(K, V)]
    Get an RDD for a given Hadoop file with an arbitrary new API InputFormat and extra configuration options to pass to the input format.
```

另外也可以使用 SparkContext.newAPIHadoopRDD 通过指定 Hadoop JobConf 类（org.apache.hadoop.mapred.JobConf）和数据格式类读取 Hadoop 支持的其他数据源，例如

HBase 中的数据库表，详细示例请参考第 6 章。

④ RDD.saveAsObjectFile 和 SparkContext.objectFile 支持已被序列化的 Java 对象的简单格式来保存 RDD。虽然以上两种方法不像 Avro 那样有效的专业序列化，但它提供了一种简单的方式来保存任何 RDD。

3.4　RDD 操作

RDD 支持两种类型的操作：转化操作（transformation）与行动操作（action）。转化操作从一个已存在的 RDD 创建一个新的 RDD；行动操作在 RDD 上进行计算后将结果值返回给驱动程序的操作。

例如，map 通过遍历 RDD 的每一个元素，进行相应的用户定义的操作，并返回表示结果的新 RDD 的转换操作（transformation）。另一方面，reduce 是使用一些函数聚合 RDD 的所有元素，并将最终结果返回给驱动程序的行动操作（action）。在此，分辨一个操作到底是转化操作还是行动操作，可以根据返回值类型来直观判断，即转化操作返回值皆为 RDD，行动操作则是表示计算结果的 Int、String、Array、List 类型返回值（当然也存在例外，例如 reduceByKey，其虽为行动操作，但返回的仍为 RDD）。

Spark 中的所有转换操作都是懒惰计算的，因为它们不会马上计算结果。相反，它们只记住应用于某些基本数据集（RDD）的转换关系（RDD 转化谱系图）。只有当某个行动操作需要将结果返回给驱动程序时才会真正进行转换计算。这种设计使 Spark 能够更高效地运行。例如，我们可以认识到，通过对创建的 RDD 依次调用 map、reduce 操作，返回到驱动程序的仅是经过 map、reduce 最终处理后的结果（很小的结果集），而不是经 map 操作后的很大的映射数据集，这也反映出了惰性求值在大数据分析领域的合理性。

默认情况下，被重用的中间结果 RDD 可能会在每次对其进行行动操作时重新计算。但是，可以使用 persist（cache）方法在内存中保留被重用的中间结果 RDD，在这种情况下，Spark 将在集群内存上保留该 RDD，以便在下次查询时进行更快的访问。还支持在磁盘上持久存储 RDD。

为了说明 RDD 的基础知识，请考虑以下简单的程序：

```
scala> val rdd1 = sc.parallelize(Array(3,4,10,5,6))
scala> val rdd2 = rdd1.map(x=>x*2)
scala> val array1= rdd2.collect()
rdd2:Array[Int] = Array(6,8,20,10,12)
scala> val array2 = rdd2.sortBy(x=>x,true).collect()
Rdd3:Array[Int] = Array(6,8,10,12,20)
```

在此例中，第一行通过 SparkContext.parallelize 方法将一个整形数组（Array[Int]）并行化处理为 RDD（rdd1）。第二行通过 map 转化操作遍历 rdd1，并将 rdd1 中每一个元素乘二转化为新的 RDD（rdd2），此时还没有开始计算，只是定义了子 RDD 与父 RDD 的转化关系。第三行当遇到行动操作 collect 时，开始计算，可以看到返回了一个整形数组，每一个元素被乘二。第五行在 rdd2 基础上进行 sortBy 排序的转化操作，可以看到返回值是一个有序的整型数组。值得注意的是，第五行的 rdd2.sortBy(x=>x,true).collect()实际执行的是 rdd1.map(x=>x*2).sortBy (x=>x,true).collect()，也就是说其默认情况下并没有重用上一步已经计算出来的 rdd2，而是从 rdd1 开始重新计算。

如果我们以后也想 rdd2 再次重用，避免重复计算，我们可以进行缓存：

```
rdd2.persist()
```

rdd2 会在第一次计算时在内存中缓存。

3.4.1 转化操作

RDD 的转化操作是返回新 RDD 的操作。正如上文提及的，转化出来的 RDD 是惰性求值的，只有在行动操作中用到这些 RDD 时才会被计算。许多转化操作都是针对 RDD 中各个元素的，例如 map、filter，也就是说，这些转化操作每次运算只会操作 RDD 中的一个元素。不过并不是所有的转化操作都是这样的，例如 reduceByKey 这种转化操作就是针对具有相同键的多个 RDD 进行操作，所以这样的转化操作每次运算会涉及多个 RDD 元素。

控制台日志挖掘示例

本部分我们通过一个控制台日志挖掘示例来阐述 RDD 的转化操作以及转化生成的 RDD 之间的依赖关系。

假定有一个大型网站出错，操作员想要检查 Hadoop 文件系统（HDFS）中的日志文件（TB 级大小）来找出原因。通过使用 Spark，操作员只需将日志中的错误信息装载到一组节点的内存中，然后执行交互式查询。首先，需要在 Spark-shell 中输入如下 Scala 命令：

```
1    val lines = spark.textFile("hdfs://...")
2    val errors = lines.filter(_.startsWith("ERROR"))
3    errors.cache()
```

第 1 行从 HDFS 文件定义了一个 RDD（一个文本行集合），第 2 行通过.filter 方法获得一个以 "ERROR" 开头的所有错误提示行组成的 RDD，第 3 行请求将 errors 缓存起来。注意在 Scala 语法中 filter 的参数是一个闭包。

这时集群还没有开始执行任何计算任务。但是，用户已经可以在这个 RDD 上执行对应的行动操作，例如统计错误消息的数目：

```
1    errors.count()
```

用户还可以在 RDD 上执行更多的转换操作，并使用转换结果，如：

```
1    // Count errors mentioning MySQL:
2    errors.filter(_.contains("MySQL")).count()
```

```
3    //返回 errors 中提及 HDFS 的记录的时间字段
4    // Return the time fields of errors mentioning
5    // HDFS as an array (assuming time is field
6    // number 3 in a tab-separated format):
7    errors.filter(_.contains("HDFS"))
8        .map(_.split('\t')(3))
9        .collect()
```

使用 errors 的第一个行动操作运行以后，Spark 会把 errors 的分区缓存在内存中，极大地加快了后续计算速度。注意，最初的 RDD lines 并不会被缓存，因为仅对由 lines 的子 RDD——errors 调用了 cache()方法。

最后，为了说明模型的容错性，图 3-5 所示给出了第 3 个查询的 RDD Lineage（RDD 系谱图，又称 RDD 依赖关系图）。在 lines 上执行 filter 操作，得到 errors，然后执行 filter、map 操作之后得到新的 RDD，最后执行 collect 操作将集群中的数据取回。Spark 调度器以流水线的方式执行后两个转换，向拥有 errors 分区缓存的节点发送一组任务。此外，如果某个机器上的 errors 分区丢失，Spark 只在相应机器上使用 lines 分区重新执行 filter 操作来重建该 errors 分区即可。

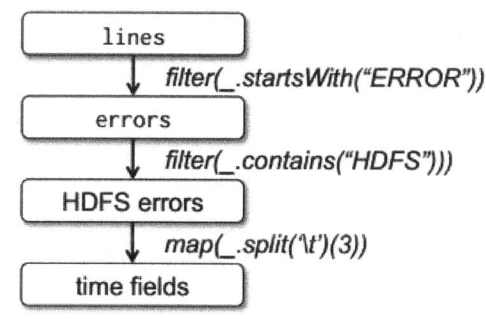

图 3-5

示例中第三个查询的 RDD Lineage 图。方框表示 RDD，箭头表示转换。

另外，在系统意外崩溃的情况下，为了精准地进行系统故障分析与排查，我们需要对故障发生的前后一段时间内的记录着各种系统运行细节的日志文件进行查阅，正如上述实例，一个大型网站的突然崩溃，为了从根本上了解网站故障原因，我们可能需要排查多个拥有大量记录的日志文件（TB 级别），例如服务器内核及系统日志、用户日志、网站服务器日志、数据库日志等，然而在 TB 级别的数据量下，单机处理无论是从计算资源还是从存储资源都显得实力单薄，无法应对，这时，采用 Spark 集群对数据量巨大的日志文件进行分析处理就会显得得心应手。

接上一实例，为了了解系统运行各种细节，我们可能不仅需要 error 等级的提示信息，还需要筛选出 fatal_error（致命错误）、error、warning、notice 几个级别的提示信息。

```
1    val linesRDD = spark.textFile("hdfs://...")
2    val errors = lines.filter(_.startsWith("ERROR"))
```

```
3    val fatalErrors = lines.filter(_.startsWith("FATAL_ERROR"))
4    val warnings = lines.filter(_.startsWith("WARNING"))
5    val notices = lines.filter(_.startsWith("NOTICE"))
```

第 2.3.4.5 行分别对 lines 使用 filter 转化操作，筛选出相应等级的提示信息。该筛选操作从庞大的日志记录筛选出相比之下极少且有效的四个等级的错误提示记录。

注意，filter() 操作不会改变已有的 linesRDD 中的数据，因为 RDD 是不可变的数据集。实际上，该转化操作会返回一个全新的 RDD。linesRDD 在后面的程序中还可以继续被使用，比如我们还可以从中搜索别的关键词记录。正如上例所示，需要再从 linesRDD 中找出所有包含单词 warning、fatal_error、notice 的记录。

以下实例用 union() 合并 fatal_error（致命错误）、error 这两个错误信息 RDD，并将结果存入 HDFS。

```
1    linesRDD = spark.textFile("hdfs://...")
2    errors = lines.filter(_.startsWith("ERROR"))
3    fatalErrors = lines.filter(_.startsWith("FATAL_ERROR"))
4    urgentInfoRDD = errors.union(fatalErrors)
5    spark.saveAsTextFile("hdfs://...")
```

经过筛选得到了 fatal_error（致命错误）、error、warning、notice 四个等级的错误提示信息之后，若在系统急需从故障中恢复的情况下，运维人员会通常先尝试阅读 fatal_error（致命错误）、error 这两个等级的错误提示信息，一般就会发现系统故障症结所在，及时修复系统，一般在后续系统优化和升级中会仔细研读 warning、notice 剩下的两个等级的错误信息，用于分析系统运行细节，以对系统做出调整。

union() 与 filter() 的不同点在于它操作两个 RDD 而不是一个。转化操作可以操作任意数量的输入 RDD。

> **提示**
>
> 与上例中等价的效果，更好的方法是直接筛选出要么包含 fatal_error 要么包含 error 的行，这样对 linesRDD 进行一次筛选即可。实现如下：
> ```
> scala> def stringContain(s:String) = if(s.startsWith("ERROR") ||
> s.startsWith("FATAL_ERROR") ) true else false
> scala>val urgentInfoRDD = linesRDD.filter(x=>stringContain(x))
> ```

依然通过 filter 函数进行筛选的转化操作，不同的是，以上的筛选规则是通过用户自定义的函数 stringContain() 来实现的。

RDD Lineage（又称 RDD 谱系图、RDD 依赖关系图）记录经由转化操作产生的 RDD 之间的依赖关系。

最后要说明的是，通过转化操作，你从已有的 RDD 中派生出新的 RDD，Spark 会使用谱系图（lineage graph）来记录这些不同 RDD 之间的依赖关系。Spark 需要用这些信息来按需计算每个 RDD，也可以依靠谱系图在持久化的 RDD 丢失部分数据时恢复所丢失的数据。

图 3-6 所示是本节日志挖掘示例的 RDD 依赖关系图。

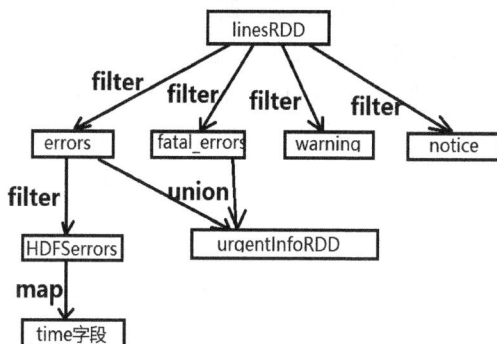

图 3-6

3.4.2　行动操作

上面我们已经看到了如何通过转化操作从已有的 RDD 创建出新的 RDD。不过，有时我们希望对数据集进行实际的计算。行动操作是第二种类型的 RDD 操作，它们会把最终求得的结果返回到驱动程序，或者写入外部存储系统中。由于行动操作需要生成实际的输出，它们会在了解整个目标 RDD 转化计算链之后，只执行那些求值必须用到的 RDD 的转化操作。

继续我们在 3.4.1 小节中用到的日志挖掘的实例，在求得 urgentInfoRDD 之后，我们可能想在 spark-shell 中输出关于 urgentInfoRDD 的一些信息来进行阅读、排错。为此，需要使用三个行动操作来实现：用 count() 来返回计数结果，用 take() 来收集 RDD 中的一些元素，用 collect()收集 RDD 所有元素，返回值为 Array[T]，T 代表每一个 RDD 元素的类型。

上述三个行动操作演示实例如下。

使用 count()对 RDD 进行 RDD 元素个数统计：

```
scala> urgentInfoRDD.cache()//对重用 RDD 持久化
scala> val rowNums = urgentInfoRDD.count()
scala> println("urgentInfoRDD had" + rowNums + "lines need to read")
```

使用 take(n)取 RDD 前 n 个元素查看：

```
scala> println("This is the top ten lines of error messages:")
scala> urgentInfoRDD.take(10).foreach(println)
```

使用 collect()收集 urgentInfoRDD 所有元素到一个数组（ Array）中：

```
scala> val urgentInfoArray = urgentInfoRDD.collect()
urgentInfoArray:Array[String] = Array(......)
```

在这个例子中，我们在驱动程序中使用 take() 获取了 RDD 中的少量元素。然后在本地遍历这些元素，并在驱动器端打印出来。RDD 还有一个 collect() 函数，可以用来获取整个 RDD 中的数据。如果你的程序把 RDD 筛选到一个很小的规模，并且你想在本地处理这些数据时，就可以使用它。记住，只有当你的整个数据集能在单台机器的内存中放得下时，才能使用 collect()，因此，collect() 不能用在大规模数据集上。

在大多数情况下，RDD 不能通过 collect() 收集到驱动器进程中，因为它们一般都很大。此时，我们通常要把数据写到诸如 HDFS 或 Amazon S3 这样的分布式的存储系统中。你可以使用 saveAsTextFile()、saveAsSequenceFile()等方法把 RDD 保存起来。

使用 saveAsTextFile()以文本文件的格式在磁盘中持久化保存错误信息以便将来翻阅。

```scala
scala> urgentInfoRDD.saveAsTextFile(hdfs://......)
```

需要注意的是，每当我们调用一个新的行动操作时，整个 RDD 都会从头开始计算。要避免这种低效的行为，用户可以将中间结果持久化，这会在 3.8 节中介绍。

3.4.3 惰性求值

前面提过，RDD 的转化操作都是惰性求值的。这意味着在被调用行动操作之前，Spark 不会开始计算。这对新用户来说可能与直觉有些相违背，但正如前面所提及的，在大数据分析领域恰恰是十分合理的，Spark 会在 RDD Lineage 中记录所有经转化操作生成的 RDD 之间的依赖关系。因此转化操作并不会引发真正的计算，仅仅是记录如何得到目标 RDD 的过程。当 RDD 调用行动操作时，Spark 根据 RDD Lineage 了解整个目标 RDD 计算转化链，仅进行满足目标 RDD 行动操作的必要计算，从而避免了没有意义的存储、计算资源的浪费，成功地做到了按需从磁盘读取 RDD 相关分区数据到内存，按需进行最小限度的必要计算，提高了 Spark 计算、内存资源的使用效率。

惰性求值意味着当我们对 RDD 调用转化操作（例如调用 map()、filter()）时，操作不会立即执行。相反，Spark 会在内部记录下所要求执行的操作的相关信息。我们不应该把 RDD 看作存放着特定数据的数据集，最好把每个 RDD 当作我们通过转化操作构建出来的、记录如何计算数据的指令列表。把数据读取到 RDD 的操作也同样是惰性的。因此，当我们调用 sc.textFile() 时，数据并没有读取进来，而是在必要时才会读取，而读取时也会按照最小限度进行必要内容行读取，如 take(10)行动操作触发 Spark 读取文件内容操作（sc.textFile）时，仅会读取文件前 10 行，而不会读取整个文件，从而避免浪费巨大的内存资源损耗。和转化操作一样的是，读取数据的操作也有可能会多次执行。

> **提 示**　虽然转化操作是惰性求值的，但还是可以随时通过运行一个行动操作来强制 Spark 执行 RDD 的转化操作，比如使用 count()。这是一种对你写的程序继续部分测试的简单方法。

Spark 使用惰性求值，这样就可以把一些操作合并到一起来减少计算数据的步骤。在类似 Hadoop MapReduce 的系统中，开发者常常花费大量时间考虑如何把操作组合到一起，以减少 MapReduce 的周期数。而在 Spark 中，写出一个非常复杂的映射并不见得能比使用很多简单的连续操作获得好很多的性能。因此，用户可以用更小的操作来组织程序，这样也使这些操作更容易管理。

3.5　向 Spark 传递函数

Spark 的大部分转化操作和一部分行动操作都需要依赖用户传递的函数来计算，例如转化操作 map(func)、filter(func)、flapMap(func)、reduceByKey(func,[numTasks])，行动操作 reduce(func)、foreach(func)。上述转化、行动操作中的 func 即是需用户定义的传递函数。在 Scala 中，我们传入简单短小的匿名函数，也可以把定义的内联函数（在类内定义的函数默认为内联函数）、方法的引用或静态方法作为上述操作中的 func 传入。除此之外，还要考虑一些其他细节，比如所传递的函数及其引用的数据需要是可序列化的（实现了 Java 的 Serializable 接口）。

那么向 Spark 传递的函数又是怎样应用到 RDD 各分区数据呢？被应用到 RDD 各分区数据的传递函数在发送到各工作节点之前经过了怎样的封装和处理呢？

在 Spark 集群模式中，Spark 应用由负责运行用户编写的 main 函数以及在集群上运行各种并行操作的驱动器程序和并行运行在集群各个节点的工作进程组成，当行动操作（例如 collect、reduce）触发提交 job 的过程，转化操作 map(func)、行动操作 reduce(func)中的 func 会被封装成闭包，发送到 worker 节点上去执行。显然，闭包是有状态的，这主要是指它牵涉到的那些自由变量以及自由变量依赖到的其他变量，所以，在将一个简单的函数或者一段代码片段（就是闭包）传递给类似 RDD.map 这样的操作前，Spark 需要检索闭包内所有涉及的变量（包括传递依赖的变量），正确地把这些变量序列化之后，才能传递到 worker 节点并反序列化去执行。

3.5.1　传入匿名函数

当需要对 RDD 元素进行一些简单的加减乘除，或者是简单的值大小判断时，可传入匿名函数，请看下面的示例。

求出 RDD 中每一个元素（字符串对象）长度：

```
scala> val rdd2 = rdd.map(s=>s.length)
```

筛选包含特定字段（error）的 RDD 元素：

```
scala> val rdd2 = rdd.map(s=>s.contains("error"))
```

对 rdd 中的每个元素乘二：

```
scala> val rdd2 = rdd.map(x=>x*2)
```

筛选出大于 50 的元素：

```
scala> val rdd3 = rdd.filter(x=>x>50)
```

筛选出偶数：

```
scala> val rdd4 = rdd.filter(x=>x%2==0)
```

补充：匿名函数

Scala 中的定义匿名函数的语法十分简单，即定义时，箭头（=>）左边是参数列表，右边是函数体，参数的类型可以省略，Scala 会自动推测出返回值类型。另外，在 Scala 中，可以将函数当作参数进行传递，所以实例 filter（x=>x%2==0）将匿名函数 x:Int =>x%2==0 传入 filter（func）作为 func 参数是正确且简洁的。

3.5.2 传入静态方法和传入方法的引用

1. 传入静态方法

传入单例对象中的静态方法。例如，你可以定义 object MyFunctions 并传递 MyFunctions.func1，如下所示：

```
object MyFunctions {
  def func1(s: String): String = { ... }
}
myRdd.map(MyFunctions.func1)
```

> **提示**　在 Scala 中，没有像 Java 中的静态成员、静态方法、静态类，但提供了 object 对象，这个 object 对象类类似 Java 中的静态类，它的成员、方法默认是静态的。另外，值得注意的是，object 中的成员、方法要被外界访问，则相应的成员、方法不能被 private 修饰。

2. 传入方法的引用

需要注意的是，虽然可以在同一个类实例中传递方法的引用（而不是单例对象），但这需要发送包含该类的对象连同该方法到集群，相比于仅传递某个静态方法到集群的开销更大。例如：

```
class MyClass {
  def func1(s: String): String = { ... }
  def doStuff(rdd: RDD[String]): RDD[String] = { rdd.map(func1) }
}
```

如果我们创建了一个 MyClass 实例，并调用 doStuff 方法，因为 doStuff 方法中 map 操作调用了 MyClass 实例中的 func1 函数，所以整个 Myclass 实例化后的对象需要被传到集群上。rdd.map(x => this.func1(x))这样的写法将带来同样的效果。

另外，当以类似的方式访问外部对象的字段时将引用整个对象：

```
class MyClass {
  val field = "Hello"
  def doStuff(rdd: RDD[String]): RDD[String] = { rdd.map(x => field + x) }
```

}

相当于写作 rdd.map(x => this.field + x)，其中关键字 this 在 Scala 中表示引用当前对象。为了避免这个问题，最简单的方法是复制 field 到局部变量中，而不是从外部访问它。

正确写法：

```
def doStuff(rdd: RDD[String]): RDD[String] = {
  val field_ = this.field
  rdd.map(x => field_ + x)
}
```

复制 field 到局部变量的方法仅会将 map(func)内传入的匿名函数和涉及的局部变量 field_ 打包发送到集群，成功避免了将整个对象发送到集群。

> 提示　如果在 Scala 中出现了 NotSerializableException 错误时，通常问题在于我们传递了一个不可序列化的类中的函数或者字段。记住，传递局部可序列化变量或顶级对象中的函数始终是安全的。

3.5.3　闭包的理解

关于 Spark 的一个更困难的问题是理解当在一个集群上执行代码的时候，变量和方法的范围以及生命周期。修改范围之外变量的 RDD 操作经常是造成混乱的源头。在下面的实例中，我们看一下使用 foreach()来增加一个计数器的代码，不过同样的问题也可能由于其他的操作引起。

考虑下面的单纯的 RDD 元素总和，根据是否运行在同一个虚拟机上，它们表现的行为完全不同。一个简单的例子是在 Spark local 模式（–master=local[n]）下运行对比将 Spark 程序部署到一个集群上运行（例如通过 spark-submit 提交到 YARN）：

```
var counter = 0
var rdd = sc.parallelize(data)
// Wrong: Don't do this!!
rdd.foreach(x => counter += x)
println("Counter value: " + counter)
```

本地模式 VS 集群模式结果理解

在本地模式下，在某些情况下被包含在驱动程序节点的 foreach()函数确实运行在同一个 Java 虚拟机当中，将会引用同一个最初的 counter 变量，从而正确地按照期望中的计算步骤更新它。

在集群模式下，上述代码的行为是未定义的，不能按照预期执行。为了执行作业，Spark 将 RDD 操作拆分成多个 task，每个任务由一个执行器操作。在执行前，Spark 计算闭包。闭包是指执行器要在 RDD 上进行计算时必须对执行器节点可见的那些变量和方法（在这里是

foreach()）。这个闭包被序列化并发送到每一个执行器。

闭包中的变量 counter 经过复制后发送到每个执行器节点，但是执行器节点不能访问和修改其他节点的 counter，换句话说执行器节点只能修改自身节点内存中的 counter 的值。因此，当各个执行器节点通过 foreach 方法对 counter 修改的时候，它修改的只是自身节点的 counter 的值。此时驱动程序上的 counter 的值没有被修改，所以和我们预想的结果不一样。因此，程序最后输出 counter 的值是 0。

为了在集群模式下定义一些基于集群而非某个 worker 节点（closure）的全局变量，类似上例中对于全局累加器的需求，Spark 支持两种全局共享变量：广播（broadcast）变量，用来将一个值缓存到所有节点的内存中；累加器（accumulator），只能用于累加，比如计数器和求和。以下示例是上一个错误示例的修正，即通过使用 accumulator 来实现全局累加。

```scala
scala> val accum = sc.accumulator(0)
accum: org.apache.spark.Accumulator[Int] = 0

scala> sc.parallelize(Array(1, 2, 3, 4)).foreach(x => accum += x)
...10/09/29 18:41:08 INFO SparkContext: Tasks finished in 0.317106 s

scala> accum.value
res2: Int = 10
```

3.5.4　关于向 Spark 传递函数与闭包的总结

（1）首先你需要对 Task 涉及的闭包的边界有一个清晰的认识，要尽量地控制闭包的范围和牵涉到的自由变量，一个非常值得警惕的地方是：尽量不要在闭包中直接引用一个类的成员变量和函数，这样会导致整个类实例被序列化。

（2）在某些情况下，把类成员变量复制一份到闭包中 ，可以避免整个对象被序列化。

（3）除了那些很短小的函数，尽量把复杂的操作封装到全局单一的函数体：全局静态方法或者函数对象。

（4）如果确实需要某个类的实例参与到计算过程中，则要做好相关的序列化工作。

（5）当传递函数内部有改变全局状态（全局变量，不再是内部变量）的需求时，需要使用 Spark 提供的两种全局共享变量：广播变量（broadcast）、累加器变量（accumulator）。

3.6　常见的转化操作和行动操作

本节我们将全面介绍 RDD 中常见的转化操作和行动操作，让读者更加系统地了解 RDD 提供的丰富操作。除了介绍任何数据类型 RDD 都支持的转化操作和行动操作之外，还会介绍特定数据类型的 RDD 支持的一些专有操作，例如，键值对形式的 RDD 支持诸如根据键聚合数据或根据键将数据分组的键值对操作，而 Double 类型的 RDD 支持丰富的统计型函数操作，如求均值以及反应数值相对于平均值离散程度的标准偏差（stdev 函数）。另外，我们也会在 3.6.3 小节中介绍不同类型 RDD 之间的转换。

本节所介绍的转化操作、行动操作是针对基本 RDD（任意数据类型对象组成的 RDD）的，即在任何数据类型的 RDD 上都可以使用的转化、行动操作。

3.6.1　基本 RDD 转化操作

1. map、filter

经常用到的两个转化操作是 map() 和 filter()，这两者的共同点在于会触发对 RDD 中所有元素进行遍历。转化操作 map() 接收一个函数，把这个函数用于 RDD 中的每个元素，将函数的返回结果作为结果 RDD 中对应元素的值。而转化操作 filter() 则接收一个函数，并将 RDD 中满足该函数的元素放入新的 RDD 中返回，正如图 3-7 对输入 RDD 的元素分别进行求立方根和筛选的操作。

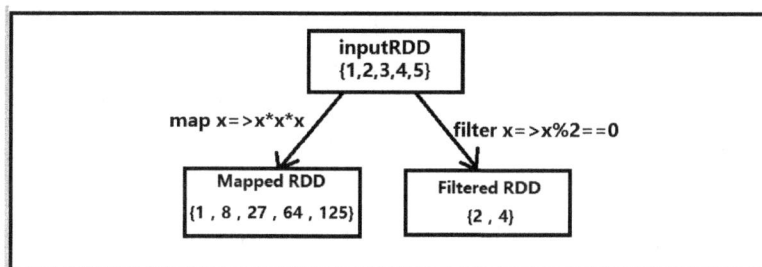

图 3-7

从输入 RDD 映射与筛选得到的 RDD。

简单的 map 实例：

```scala
scala> var rdd1 = sc.parallelize(Array(3,4,8,5,6))
scala> var rdd2 = rdd1.map(x=>x*3).collect
rdd2:Array[Int] = Array(9,12,16,10,12)
scala> var rdd3 = rdd1.map(_*2).sortBy(x=>x,true).collect()
rdd2:Array[Int] = Array(6,8,10,12,16)
```

简单的 filter 实例：

```scala
scala> var rdd1 = sc.parallelize(List(3,4,99,5,6))
scala> var rdd2 = rdd1.filter(_>50).collect
rdd2:Array[Int] = Array(99)
scala> var rdd3 = rdd1.filter(x=>x>50).collect()
rdd2:Array[Int] = Array(99)
scala> var rdd4 = rdd1.filter(_%3==0).collect()
```

```
rdd2:Array[Int] = Array(3,99,6)
```

在上面的实例中，用到了 Scala 占位符（_），若读者对 Scala 占位符还不甚了解，可以参考学习以下七个 Scala 占位符的常见用法：

（1）import 导入包的所有成员，相当于 Java 的*，如 import scala.math._。比 Java 方便的一点是它可以导入某个类下的所有静态成员，Java 则需要 import static。

（2）占位符，表示某一个参数，这个用法比较多。比如对 collection、sequence 或者本章所学的 RDD 调用方法 map、filter、sortWith、foreach 等对每一个元素进行处理，可以使用_表示每一个元素，例如 map(_.func)；还有参数推导时 f(250*_)，假设已知 f 的参数类型是 Int=>Int 的函数类型时，可以在匿名函数中 250*_使用_表示 Int 参数，还比如 val f = 250 * (_: Int)；在模式匹配中根据 unapply 来初始化变量或集合时，如果不关心变量的某个具体属性或集合的某些元素则使用_来忽略，比如 val Array(first, second, _*) = arr，只将 arr 的前 2 个值分别赋给 first 和 second，这在 match case class 中用得比较多，另外，:_*作为一个整体，告诉编译器你希望将某个参数当作参数序列处理！例如 val s = sum(1 to 5:_*)就是将 1 to 5 当作参数序列处理。

（3）对变量进行默认初始化，下划线_代表的是某一类型的默认值，对于 Int 来说，它是 0。对于 Double 来说，它是 0.0。对于引用类型，它是 null。比如 var i:Int=_。

（4）访问 tuple（元组）的某个元素时通过索引_n 来取得第 n 个元素，可以用方法_1,_2,_3 访问组员，如 a._2。

（5）向函数或方法传入可变参数时，不能直接传入 Range 或集合或数组对象，需要使用:_*转换才可传入。

（6）类的 setter 方法，比如类 A 中定义了 var f，则相当于定义了 setter 方法 f_=，当然你可以自己定义 f_=方法来完成更多的事情，比如设置前做一些判断或预处理之类的操作。

（7）用于将方法转换成函数，比如 val f=sqrt _，以后直接调用 f(250)就能求平方根。

另外，我们可以使用 map(func) 来做各种各样的事情，而如何做"各种各样的事"取决于我们传入的 func 是怎样操作 RDD 每一个元素的，例如，对各个数字求平方值。对于记录着系统致命错误的日志记录，我们可以根据记录格式特点，抓取错误时间字段，根据时间线跟踪系统健康状况。map() 的返回值类型不需要和输入类型一样。这样如果有一个字符串 RDD，并且我们的 map() 函数是用来统计每行内容长度的，返回的值类型是 Double，那么此时我们的输入 RDD 类型就是 RDD[String]，而输出类型是 RDD[Double]。

2. flapMap

flapMap 和 map 操作皆是传入 func 对 RDD 每一个元素进行处理的操作，不同点在于 map（func）传入的 func 在处理 RDD 的每一个元素后都产生相对应的结果，而正是由这些一一对应的结果值组成了输出 RDD，而 flapMap(func)的传入 func 在处理每一个元素时，都可能会产生一个或多个对应的元素组成的返回值序列的迭代器，输出的 RDD 倒不是由迭代器组成的，而是一个包含各个迭代器可访问的所有元素的 RDD。因此，当我们希望对每个输入元素生成多个输出元素，可以使用 flapMap()。

flapMap（）的一个简单用途是把字符串切分为单词，以下是 map、flatMap 操作的对比：

```
scala> var rdd1 = sc.parallelize(Array("Hey baby","so beautiful","maybe date"))
//按空格分隔
scala> rdd1.map(_.split(" ")).collect()
Res33:Array[Array[String]]=Array(Array(Hey,baby),Array(so,beautiful),Array(maybe, date))
//按空格分隔且压平（flat）
scala> var rdd2 = rdd1.flatMap(_.split(" "))
scala> rdd2.collect()
res34: Array[String] = Array(Hey, baby, so, beautiful, maybe, date)
```

为了加深对 flapMap 操作的理解，尝试理解如下十分有迷惑性的示例：

```
scala> var rdd1 = sc.parallelize(List(List("Hey baby","so beautiful","maybe date"),List("sorry boy","i am so busy")))
scala>  var rdd2 = rdd1.map(_.map(_.split(" "))).collect()
rdd2: Array[List[Array[String]]] = Array(List(Array(Hey, baby), Array(so, beautiful), Array(maybe, date)), List(Array(sorry, boy), Array(i, am, so, busy)))
scala>  var rdd3 = rdd1.map(_.flatMap(_.split(" "))).collect()
rdd3: Array[List[String]] = Array(List(Hey, baby, so, beautiful, maybe, date), List(sorry, boy, i, am, so, busy))
scala>  var rdd4 = rdd1.flatMap(_.flatMap(_.split(" "))).collect()
rdd4: Array[String] = Array(Hey, baby, so, beautiful, maybe, date, sorry, boy, i, am, so, busy)
```

理解三个 map、flatMap 嵌套使用的示例的关键：首先，只有最外层的 map、flatMap 操作，即 RDD.map()/RDD.flapMap()才是来源于 org.apache.spark.rdd 包中的 RDD 类中的方法，因此最外层的 map、flatMap 操作是针对每一个 RDD 元素，而 RDD.map()/RDD.flapMap()括号中传入的参数 map/flatMap 方法则来源于 scala.Array/scala.List 包，是处理每一个 RDD 中的元素（Array 或者 List 类型）。另外，无论 map、flatMap 操作来源于哪，当观察分析返回值时，map 操作一定是输入、输出，一对一的，而在此例中 flatMap 则是输入、输出，一对多的。

通过图 3-8，我们形象地看出 flatMap() 和 map() 操作的区别。可以把 flatMap() 看作将返回的迭代器"拍扁"，这样就得到了一个由各 list 中的元素组成的 RDD，而不是像 map()操作生成一个由列表组成的 RDD。

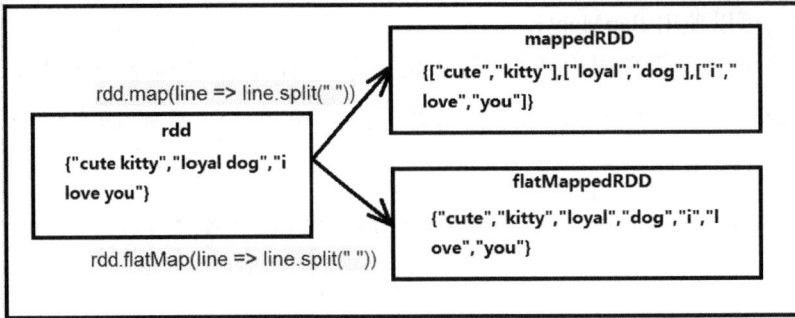

图 3-8

3. 集合操作（distinct、union、intersection、subtract、cartesian）

尽管 RDD 本身不是严格意义上的集合，但它也支持许多数学上的集合操作，比如合并（union）、相交（intersection）、作差（subtract）、去重（distinct）、笛卡儿积（cartesian）操作。值得注意的是，这些操作都要求操作涉及的 RDD [T]是相同数据类型的。图 3-9 简要展示了 RDD[String]的四种集合操作。

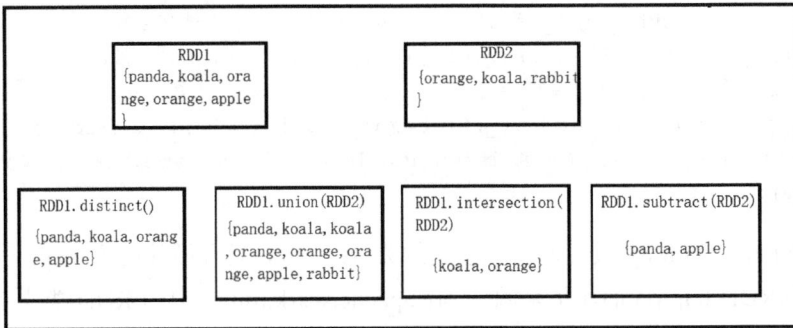

图 3-9

（1）去重操作 distinct

我们的 RDD 中最常缺失的集合属性是元素的唯一性，因为常常有重复的元素。如果业务需求中有仅关注出现过的元素组成的列表，而不在意相同元素出现的次数的情况下，我们可以使用 RDD.distinct() 转化操作来生成一个只包含不同元素的新 RDD。不过需要注意，distinct()操作的开销很大，因为它在确保每个元素只有一个的过程中需要将所有数据通过网络在相关节点之间进行混洗（shuffle）。在 9.5 小节中会介绍数据混洗的概念、由数据混洗引发的问题以及相应调优策略。

（2）合并操作 union

最简单的集合操作是 RDD.union(otherRDD)，它会返回一个包含两个 RDD 中所有元素的 RDD，当然参与 union 操作的两个 RDD 需属于相同数据类型。这在很多用例下都很有用，比如处理来自多个数据源的日志文件。与数学中的 union 操作不同的是，如果输入的 RDD 中有重复数据，union() 操作也会包含这些重复数据（如有必要，我们可以通过 distinct() 实现相同的效果）。

（3）相交操作 intersection

RDD 还提供了 intersection(otherRDD) 方法，只返回两个 RDD 中都有的元素。intersection()在运行时也会去掉所有重复的元素（单个 RDD 内的重复元素也会一起移除）。尽管 intersection() 与 union() 都属于集合操作，但 intersection() 的性能却要差很多，因为它需要通过网络混洗数据来发现共有的元素。

（4）作差操作 subtract

有时我们需要移除一些数据。RDD.subtract(otherRDD) 函数接收另一个 RDD 作为参数，返回一个由只存在于第一个 RDD 中而不存在于第二个 RDD 中的所有元素组成的 RDD。和 intersection() 一样，它也需要数据混洗。

伪集合操作示例（distinct、union、intersection、subtract）：

```scala
scala> val rdd1 = sc.parallelize(List(1,2,3,4))
scala> val rdd2 = sc.parallelize(List(3,4,4,5,6,7))
//去重操作
scala> val rdd3 = rdd2.distinct().collect()
rdd3: Array[Int] = Array(4, 5, 6, 3, 7)
//求并集
scala> val rdd4 = rdd1.union(rdd2).collect()
rdd4: Array[Int] = Array(1, 2, 3, 4, 3, 4, 4, 5, 6, 7)
//求交集
scala> val rdd5 = rdd1.intersection(rdd2).collect()
rdd5: Array[Int] = Array(4, 3)
//求差集
scala> val rdd6 = rdd1.subtract(rdd2).collect()
rdd6: Array[Int] = Array(1, 2)
```

（5）笛卡儿积操作 cartesian

另外，我们也可以计算两个 RDD 的笛卡儿积，如图 3-10 所示。aRDD.cartesian(bRDD) 转化操作会返回所有可能的 (a, b) 对，其中 a 是源 RDD 中的元素，而 b 则来自另一个 RDD 的元素。笛卡儿积在我们希望考虑所有可能的组合的相似度时比较有用，比如计算各用户对各种产品的预期兴趣程度。我们也可以求一个 RDD 与其自身的笛卡儿积，这可以用于求用户相似度的应用中。要特别注意的是，求大规模 RDD 的笛卡儿积开销巨大，因为笛卡儿积操作同样涉及通过网络进行数据混洗。

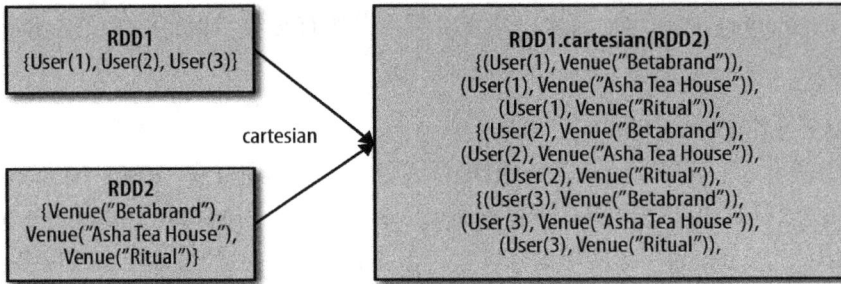

图 3-10

图 3-11 总结了这些常见的 RDD 转化操作。

转化操作	map()		参数是函数，函数应用于RDD每一个元素，返回值是新的RDD
	flatMap()		参数是函数，函数应用于RDD每一个元素，将元素数据进行拆分，变成迭代器，返回值是新的RDD
	filter()		参数是函数，函数会过滤掉不符合条件的元素，返回值是新的RDD
	distinct()		没有参数，将RDD里的元素进行去重操作
	union()		参数是RDD，生成包含两个RDD所有元素的新RDD
	intersection()		参数是RDD，求出两个RDD的共同元素
	subtract()		参数是RDD，将原RDD里和参数RDD里相同的元素去掉
	cartesian()		参数是RDD，求两个RDD的笛卡儿积

图 3-11

3.6.2 基本 RDD 行动操作

1. RDD 支持的常用的行动操作

● first()

返回数据集中的第一个元素（类似于 take(1)）。

● take(n)

返回数据集中的前 n 个元素。

● takeOrdered(n, [ordering])

返回 RDD 按自然顺序或自定义顺序排序后的前 n 个元素。

- takeSample(withReplacement,num,seed)

用于从数据集中采样，从 RDD 随机返回一些元素，以数组形式返回，可通过参数 num 控制样本元素个数。

- collect()

将 RDD 中的所有元素以数组的形式返回到驱动程序中。通常在调用了 filter 或者其他方法返回了一个足够小的 RDD 时使用。

- count()

返回数据集中元素的个数。

- countByValue()

统计 RDD 中各元素出现次数，返回的（元素值，出现次数）键值对的 map。

- reduce(func)

reduce 将 RDD 中元素两两传递给输入函数，同时产生一个新的值，新产生的值与 RDD 中下一个元素再被传递给输入函数直到最后只有一个值为止。这个函数应该符合结合律和交换律，这样才能保证数据集中各个元素计算的正确性。

- foreach(func)

对数据集中每个元素使用函数 func 进行处理。该操作通常用于更新一个外部累加器（Accumulator）或与外部数据源进行交互。

- saveAsTextFile(path)

将数据集中的元素以文本文件（或文本文件集合）的形式保存到指定的本地文件系统、HDFS 或其他 Hadoop 支持的文件系统中。Spark 将在每个元素上调用 toString 方法，将数据元素转换为文本文件中的一行记录。

- saveAsSequenceFile(path) (Java and Scala)

将数据集中的元素以 Hadoop Sequence 文件的形式保存到指定的本地文件系统、HDFS 或其他 Hadoop 支持的文件系统中。该操作只支持对实现了 Hadoop 的 Writable 接口的键值对 RDD 进行操作。在 Scala 中，还支持隐式转换为 Writable 的类型（Spark 包括了基本类型的转换，例如 Int、Double、String 等）。

- saveAsObjectFile(path) (Java and Scala)

将数据集中的元素以简单的 Java 序列化的格式写入指定的路径。这些保存该数据的文件可以使用 SparkContext.objectFile() 进行加载。

在了解了 Spark 支持的 RDD 行动操作以及各个行动操作的作用后，接下来，我们通过一个几乎涵盖了所有常用行动操作的示例来进一步了解上述行动操作的效果。

行动操作示例（count、first、take、takeOrdered、reduce、collect、foreach、saveAsTextFile）：

```scala
scala> val rdd1 = sc.parallelize(List(5,3,2,4,1))
scala> rdd1.first()
res35: Int = 5
scala> rdd1.take(2)
res1: Array[Int] = Array(5, 3)
scala> rdd1.takeOrdered(2)
res1: Array[Int] = Array(1, 2)
scala> val rdd3 = rdd1.collect()
rdd3: Array[Int] = Array(5, 3, 2, 4, 1)
scala> rdd1.count()
res36: Long = 5
scala> val rdd2 = rdd1.reduce(_+_)
rdd2: Int = 15
scala> rdd1.foreach(println)
4
1
3
2
5
scala> rdd1.saveAsTextFile ("hdfs://......")
```

归纳总结：上面是对 RDD 常用行动操作的讲解以及使用实例的演示。

2. 某些行动操作涉及的要点

接下来，我们对上述行动操作进行简单分类，以便于读者能具有一个全局性的视角观察行动操作的本质，另外对某些行动操作涉及的要点进行着重解释：

① 首先，需要明确的是行动操作之所以被称为行动操作，是因为行动操作是触发向 Spark 提交任务的操作，是真正开始计算的操作，也就是说行动操作是"急切、立即要最终结果"的操作，而对应的转化操作才是真正定义了关于一步步如何计算、如何得到结果的操作，用一个形象的比喻：转化操作像种小麦，具体负责了实现逻辑，而行动操作像割小麦，是整个过程的最后一步，取到最后结果。

② 为了便于从一个全局性的视角去理解行动操作的本质，我们把上述的行动操作从用途、输入参数以及返回值上大致分为三类，分别为收集类行动操作、存储类行动操作、其他一些定义特殊操作的行动操作。收集类行动操作不涉及定义新的 RDD 计算而是直接收集 RDD 部分或全部元素，有 first()、top(n)、take(n) 以及其变型 takeOrdered(n)、collect()，该类行动操作返回的均为由 RDD 元素构成的数组（first 除外，因为其只返回了 RDD 中的第一个元素）。第二

类是存储类行动操作，该类行动操作负责对需要长期反复使用的重要结果 RDD 进行存储，如
saveAsTextFile、saveAsSequenceFile、saveAsObjectFile。可以将 RDD 以不同的文件格式（文
本文件、Sequence 格式文件、对象文件）存储在 Hadoop 分布式文件系统、本地文件系统，以
及任何一个 Hadoop 支持的文件系统。第三类是涉及一些特定功能的行动操作，例如 count（），
其负责统计 RDD 元素个数；reduce（func）负责按照 func 规定的逻辑将 RDD 元素两两聚合，
直到产生最终结果并返回；foreach（func）则是对 RDD 进行遍历，将 RDD 中的每个元素传入
func 中执行，在应用中常用 println 作为参数，以此来将 RDD 的内容打印输出。和 map（）相
比，foreach 并没有返回值。

③ take(n) 返回 RDD 中的 n 个元素，并且尝试只访问尽量少的分区，因此该操作会得
到一个不均衡的集合。需要注意的是，这些操作返回元素的顺序与你预期的可能不一样。

④ 把数据返回驱动程序中最简单、最常见的操作是 collect()，它会将整个 RDD 的内容
返回。collect() 通常在单元测试中使用，因为此时 RDD 的整个内容不会很大，可以放在内存
中。使用 collect() 使得 RDD 的值与预期结果之间的对比变得很容易。由于需要将数据复制
到驱动器进程中，collect() 要求所有数据都必须能一同放入单台机器的内存中。因此 collect()
对于单元测试和快速调试都很有用，但是在处理大规模数据时会遇到瓶颈。

⑤ 对于读者来说，行动操作 reduce(func)相比于 first()、top(n)、take(n)、collect()、count()、
saveAsTextFile 这类无须传参或者仅需设置记录条数、存储路径的行动操作，就显得更为困难，
因为其像大多数转化操作一样需要传入函数以定义处理逻辑。它接收一个函数作为参数，这个
函数要操作两个 RDD 的元素类型的数据并返回一个同样类型的新元素。一个简单的例子就
是函数 +，可以用它来对我们的 RDD 进行累加。使用 reduce()，可以很方便地计算出 RDD
中所有元素的总和、元素的个数，以及其他类型的聚合操作。reduce()操作示例：

```
val sum = rdd.reduce((x, y) => x + y)
```

⑥ 有时我们会对 RDD 中的所有元素应用一个行动操作，但是不把任何结果返回到驱动
程序中，这也是可以的。比如可以用 JSON 格式把数据发送到一个网络服务器上，或者把数
据存到数据库中。不论哪种情况，都可以使用 foreach() 行动操作来对 RDD 中的每个元素进
行操作，而不需要把 RDD 发回本地。

⑦ 关于基本 RDD 上的更多标准操作，我们都可以从其名称推测出它们的行为。count()
用来返回元素的个数，而 countByValue() 则返回一个从各值到值对应的计数的映射表。

⑧ 有时需要在驱动器程序中对我们的数据进行采样。takeSample(withReplacement, num,
seed)方法返回一个数组，数组由在数据集中随机采样得出的 num 个元素组成。
withReplacement 表示采样是否放回，true 表示有放回的采样，false 表示无放回采样。seed 表
示用于指定的随机数生成器种子。

```
http://www.jianshu.com/p/c6aefad2ba0c
```

表 3-1 总结了这些常见的 RDD 行动操作。

表 3-1

函数名	功能	示例	结果
collect()	返回 RDD 中的所有元素	rdd.collect()	{2,3,3,3,4}
count()	RDD 中的元素个数	rdd.count()	4
countByValue()	各元素在 RDD 中出现的次数	rdd.countByValue()	{(2,1),(3,3),(4,1)}
take(num)	从 RDD 中返回 num 个元素	rdd.take(3)	{2,3,3}
top(num)	从 RDD 中返回最前面的 num 个元素	rdd.top(3)	{4,3,3}
takeOrdered(num)(ordering)	从 RDD 中按照提供的顺序返回最前面的 num 个元素	rdd.takeOrdered(2)(myOrdering)	{2,3}
takeSample(withReplacement,num,[seed])	从 RDD 中随机返回一些元素	rdd.takeSample(false,1)	随机结果，无法确定
reduce(func)	并行整合 RDD 中所有元素（例如求和取平均值）	rdd.reduce((x,y)=>x+y)	15
fold(zero)(func)	和 reduce()一样，并且需要提供初始值	rdd.fold(0)((x,y)=>x+y)	15
foreach(func)	对 RDD 中的每一个元素使用给定的函数	rdd.foreach(println)	打印 RDD 中的各个元素
saveAsTextFile(path) saveAsSequenceFile(path) saveAsObjectFile(path)	可以将 RDD 以不同的文件格式（文本文件、Sequence 格式文件、对象文件）存储在 Hadoop 分布式文件系统、本地文件系统，以及任何一个 Hadoop 支持的文件系统（path）	rdd.saveAsTextFile(hdfs://......)	RDD 被成功存储至指定文件系统的指定位置

3.6.3　键值对 RDD

在 3.6.2 小节中，我们介绍了 RDD 的通用转化、行动操作（即对于任意类型的 RDD 都可以用），这一小节我们简要介绍 RDD 编程中十分常用的键值对 RDD 的基础内容，包括如何将数据转化为键值对 RDD 以及键值对 RDD 上的转化、行动操作。另外，关于键值对 RDD 一些高级调优内容，例如使用可控的分区方式把常被一起访问的数据放到同一个节点上，从而大大减少应用的通信开销，本书将不予以介绍，读者要是对此部分十分感兴趣，可自行查阅其他学习资料。

1. 为什么要使用键值对 RDD 以及它的优势在什么地方

在常规的数据挖掘过程中，无论数据集的数据量是大是小，组成数据集的每一条记录的数据结构往往是固定的，有章可循，而区分这些记录的关键在于记录中的一个或几个字段，也就是说我们在分析过程中常常需要以记录中关键字段或关键字段组对数据不断分类，然后针对每一特定类数据做一些聚合类计算或其他计算，就是基于这样的分析需求，即我们总是倾向于将记录分为标识字段、其他字段这两个部分，所以 Spark 提供了键值对(key,value)RDD，并为其开发了大量简单实用的 API。

Pair RDD 是很多程序的构成要素，因为它们提供了并行操作各个键或跨节点根据键重新进行数据分组的操作接口。例如，pair RDD 提供 reduceByKey() 方法，可以分别归约每个键对应的数据，还有 join() 方法，可以把两个 RDD 中键相同的元素组合到一起，合并为一个 RDD。我们通常从一个 RDD 中提取某些字段（例如代表事件时间、用户 ID 或者其他标识符的字段），并使用这些字段作为 pair RDD 操作中的键。

2. 创建 Pair RDD

我们可以通过一些初始 ETL（抽取、转化、装载）操作将一般 RDD 转化为 Pair RDD，也可以直接从键值对格式的文件中读取 Pair RDD。

由文本行组成的 RDD 转换为以每行的第一个单词为键的 pair RDD：

```scala
scala> val lines = sc.textFile("hdfs:///data/bedTimeBook")
scala> val pairsRDD = lines.map(x => (x.split(" ")(0), x))
```

该示例中，通过 split 将 RDD 中的每一个元素（String 类型）按空格分割为包含行内每一个单词的数组 Array[String]，并取行首单词和当前行所有内容分别作为键、值组成的键值对作为新 RDD 的元素，从而将一般 RDD 转化成了 Pair RDD。

统计词频示例：

```scala
scala> val file = sc.textFile("hdfs://......")
scala> val wordsRDD = fileRDD.fatMap(line => line.split(" "))
scala> val wordsPairRDD = wordsRDD.map(word => (word,1))
scala> val wordsReducedPair = wordsPairRDD.reducedByKey((x,y)=>x+y)
```

该实例在 3.2.2 小节中已有详细解释，只不过在此将程序分解开来，以便读者可以更清晰地看出是第三行的 map(word => (word,1))实现了 PairRDD 的转化，进而调用 PairRDD 特有的操作 reduceByKey()计算出每个单词出现的次数。

另外除了由一般 RDD 转化得到 Pair RDD，很多数据格式为键值对的文件会在读取时直接返回由其键值对数据组成的 pair RDD。

3. 键值对 RDD 的转化操作

Pair RDD 也是 RDD 可以使用 RDD 的 API，它还有属于自己的扩展方法在 PairRDDFunctions 类中。在 3.5 节中介绍的所有有关传递函数的规则也都同样适用于 pair RDD。由于 pair RDD 中的元素是键值对，因此需要传递的函数应当操作键值对而不是独立的元素。

下面我们给出两个表，分别总结针对单一 Pair RDD 和两个 Pair RDD 上的转化操作。

表 3-2 列出单一 Pair RDD 的转化操作，以键值对集合{(1, 1),(2,1),(3, 1), (3, 6)}为例。

表 3-2

函数名	功能	示例	结果
reduceByKey(func)	合并具有相同键的值	rdd.reduceByKey((x,y)=>x+y)	{(1,1),(2,1),(3,7)}
groupByKey()	对具有相同键的值进行分组	rdd.groupByKey()	{(1,[1]),(2,[1]),(3,[1,6])}
combineByKey(createCombiner, mergeValue, mergeCombiners, partitioner)	使用不同的返回类型合并具有相同键的值	会在接下来的内容中进行详细讲解	
mapValues(func)	对键值对 RDD 中的每个值应用一个函数而不改变对应的键	rdd.mapValues(x=>x*2)	{(1,2),(2,2),(3, 2), (3, 12)}
flatMapValues(func)	对键值对 RDD 中的每个值应用一个返回迭代器的函数，然后对返回的每个元素都生成一个对应原键的键值对记录，通常用于符号化	rdd.flatMapValues(x=>(x to 5))	{(1,1),(1,2),(1,3),(1,4),(1,5),(2,1),(2,2),(2,3),(2,4),(2,5),(3,1),(3,2),(3,3),(3,4),(3,5) }
keys()	返回一个仅包含所有键的 RDD	rdd.keys	{1,2,3,3}
values()	返回一个仅包含所有值的 RDD	rdd.values	{1，1，1，6}
sortByKey()	返回一个根据键排序的 RDD	rdd.sortByKey()	{(1, 1),(2,1),(3, 1), (3, 6)}

为什么单独讲解 combineByKey？

因为 combineByKey 是 Pair RDD 中一个比较核心的高级函数，其他一些基于键聚合的高阶键值对函数底层都是用它实现的，诸如 groupByKey,reduceByKey 等，而且深入地学习 combineByKey 函数的实现步骤能帮助我们形象地理解 Spark 底层如何实现分布式计算的更多细节。

combineByKey() 的三个参数（createCombiner,mergeValue,mergeCombiners）分别对应着实现聚合操作的三个步骤，使用时，需向 combineByKey()传入三个实现了相应逻辑的传递函数，下面首先来看一下这三个参数对应的每一个步骤。

① createCombiner。要理解 combineByKey()，要先理解它在处理数据时是如何处理每个元素的。由于 combineByKey()会遍历分区中的所有元素，因此每个元素的键要么还没有遇到过，要么就和之前的某个元素的键相同。如果这是一个新的元素，combineByKey() 会使用一个叫作 createCombiner() 的函数来创建那个键对应的累加器的初始值。需要注意的是，这一过程会在每个分区中第一次出现各个键时发生，而不是在整个 RDD 中第一次出现一个键时发生。

② mergeValue。如果这是一个在处理当前分区之前已经遇到的键，它会使用 mergeValue()

方法将该键的累加器对应的当前值与这个新的值进行合并。

③ mergeCombiners。由于每个分区都是独立处理的，因此对于同一个键可以有多个累加器。如果有两个或者更多的分区都有对应同一个键的累加器，就需要使用用户提供的 mergeCombiners() 方法将各个分区的结果进行合并。

为了更好地演示 combineByKey() 是如何工作的，下面来看看如何计算各键对应所有值的平均值：

```
val result = pairRDD.combineByKey(
//分区内遇到新键时，创建该键对应的累加器，累加器是一个记录着累加值（新键对应的值）和出现次数（初始化为1）的键值对
 (v) => (v, 1),
//分区内遇到已创建过相应累加器的旧键，此时，更新对应累加器
 (acc: (Int, Int), v) => (acc._1 + v, acc._2 + 1),
//多个分区遇到同一个键的累加器，更新主累加器（acc1）
 (acc1: (Int, Int), acc2: (Int, Int)) => (acc1._1 + acc2._1, acc1._2 + acc2._2)
).map{
//求均值
case (key, value) => (key, value._1 / value._2.toFloat) }
//输出结果
 result.collectAsMap().map(println(_))
```

表 3-3 给出针对两个 pair RDD 的转化操作，以 rdd1 = {(1,2),(3,3),(3,4)} rdd2 = {(3, 4),(4,6)} 为例。

表 3-3

函数名	功能	示例	结果
subtractByKey	删掉 RDD1 中键与 RDD2 的键相同的元素	rdd1.subtractByKey(rdd2)	{(1,2)}
join	对两个 RDD 进行内连接	rdd1.join(rdd2)	{(3,(3,4)),(3,(4,4))}
rightOuterJoin	对两个 RDD 进行右外连接操作，需确保第一个 RDD 的键必须存在	rdd1.rightOuterJoin(rdd2)	{(4,(None,6)), (3,(Some(3),4)), (3,(Some(4),4))}
leftOuterJoin	对两个 RDD 进行左外连接操作，需确保第二个 RDD 的键必须存在	rdd1.leftOuterJoin(rdd2)	{(1,(2,None)), (3,(3,Some(4))), (3,(4,Some(4)))}
cogroup	将两个 RDD 中拥有相同键的数据分组到一起	rdd1.cogroup(rdd2)	{(4,([],[6])), (1,([2],[])), (3,([3,4],[4])) }

4. 键值对 RDD 的行动操作

和转化操作一样，所有基础 RDD 支持的传统行动操作也都在 pair RDD 上可用。Pair

RDD 提供了一些额外的行动操作，可以让我们充分利用数据的键值对特性。

表 3-4 给出键值对 RDD 的行动操作，以键值对集合{(1, 2), (3, 3), (3, 4)，(4,6)}为例。

表 3-4

函数名	功能	示例	结果
countByKey()	对每个键对应的元素分别计数	rdd.countByKey()	{(1,1),(3,2),(4,1)}
collectAsMap()	将结果以映射表的形式返回，以便按键查询	rdd.collectAsMap()	Map{(1, 2), (3, 3), (3, 4)，(4,6)}
lookup()	返回给定键对应的所有值	rdd.lookup(3)	[3,4]

3.6.4 不同类型 RDD 之间的转换

有些函数只能用于特定类型的 RDD 上，比如 mean() 、stdev()和 sum()这种数值计算的操作只能用在数值 RDD 上，而 reduceByKey()、groupByKey()这种键值对操作只能用在键值对 RDD 上。在 Scala 和 Java 中，这些函数都没有定义在标准的 RDD 类中，所以要访问这些附加功能，必须要确保获得了正确的专用 RDD 类。

如图 3-12 所示，是 Spark 支持的多类 RDD（包括标准的 RDD 类，和一些专用的 RDD 类，例如 Pair RDD、JdbcRDD 等）以及封装了针对特定 RDD 类的专用函数的函数类（http://spark.apache.org/docs/latest/api/scala/index.html#org.apache.spark.rdd.package）。

图 3-12

在 Scala 中，将 RDD 转为有特定函数的 RDD（比如在 Pair RDD 上进行根据键的分组操作）是由隐式转换来自动处理的。之前提到过，我们需要加上 import org.apache.spark.SparkContext._ 来使用这些隐式转换。你可以在 SparkContext 对象的 Scala 文档（http://spark.apache.org/docs/latest/api/scala/index.html#org.apache.spark.SparkContext$）中查看所列出的隐式转换。这些隐式转换可以隐式地将一个 RDD 转为各种封装类，比如 DoubleRDDFunctions （数值数据的 RDD）和 PairRDDFunctions（键值对 RDD），这样我们就有了诸如 sum() 和 reduceByKey() 之类的额外的函数。

隐式转换虽然强大,但是会让编写代码时调用 RDD API 的人感到困惑。如果你对 RDD 调用了像 sum() 这样数值计算类函数, 可能会发现在标准 RDD 类的 Scala 文档 (http://spark.apache.org/docs/latest/api/scala/ index.html#org.apache.spark.rdd.RDD)中根本没有 sum() 函数。调用之所以能够成功, 是因为隐式转换可以把 RDD[Double] 转为 DoubleRDDFunctions。所以当我们在 Scala 文档中查找函数时,不要忘了那些封装的专用 RDD 类中的函数。

3.7　深入理解 RDD

经过了本章五节(3.1~3.6)的 RDD 编程基础学习, 我们掌握了如何在 Spark 平台上将大规模数据集转化为 RDD,并根据业务需求对 RDD 进行转换、行动操作,从而利用强大快速的 Spark 集群解决大数据处理难题。但以上这些内容对 RDD 的学习均是编程层面的,侧重于 RDD API 的学习,本节的学习将从一个设计者、研究者角度考察作为 Spark 的核心数据抽象,了解 RDD 为什么能够很好地适应大数据分析业务特点,有天然强大的容错性、易恢复性和高效性。

本节将通过对比 RDD 和 DSM(分布式共享内存)来加深读者对 RDD 到底是一种怎么样的分布式内存抽象的相关理解。

DSM(分布式共享内存)是分布式系统、应用中通用的抽象概念,这里的 DSM,不仅指传统的共享内存系统,还包括那些通过分布式哈希表或分布式文件系统进行数据共享的系统,比如 Piccolo、Tachyon、Redis,无论是基于硬件、OS(操作系统)或者库(OpenSSI)实现的 DSM,都是集群内存资源的一种逻辑抽象,相当于整合了整个集群内存资源的管理中心,所有的节点内的进程都要通过它去申请、访问共享内存,而关于对逻辑内存的读写如何转化为对应各个节点的物理内存的读写由 DSM 管理中心去调度、分配、读写,数据一致性问题也由它去解决,对程序员是隐藏这些细节的。因此 DSM 的实现为程序员解决大数据问题提供了巨大优势,即 DSM 给程序员提供一个隐藏了物理实现细节的逻辑上统一的内存资源(或内存管理平台),程序员便可以像之前单机操作一样在分布式平台进行编程或其他操作,这有点类似云计算的思想。

RDD 与 DSM 主要区别在于, RDD 是只读数据集, 支持在大量记录上批量执行粗粒度转换, 不支持针对某条记录的添加、更新、删除、修改操作。而 DSM 不仅支持粗粒度转换,还支持对任意内存位置读写,以及更新任意一条记录这种细粒度操作。详细对比如图 3-13 所示。

对比项目	RDD	分布式共享内存（DSM）
读	批量或细粒度操作	细粒度操作
写	批量转换操作	细粒度操作
一致性	不重要（RDD是不可更改的）	取决于应用程序或运行时
容错性	细粒度，低开销（使用Lineage）	需要检查点操作和程序回滚
落后任务的处理	任务备份	很难处理
任务安排	基于数据存放的位置自动实现	取决于应用程序（通过运行时实现透明性）
如果内存不够	与已有的数据流系统类似	性能较差（交换？）

图 3-13

对比 DSM，RDD 如此设计带来什么样的好处呢？

（1）符合大数据分析特点

大数据分析具有粗粒度批量分析、无须考虑数据会实时更新（即数据不可更改）的特点。

例如，DSM 应用 Redis 作为基于内存的分布式数据库，因为需要满足对于任意一条数据的增删改查操作需求，所以其无论读写均支持细粒度操作。又因为数据库数据需实时更新，且是在分布式情况下同时处理多个事务，必然要考虑数据的一致性、可靠性、正确性问题，而大数据分析领域集中解决的典型问题之一是：关于一段时间内积攒的海量数据进行离线分析，即需分析的数据是静态的，并且典型的海量数据集多是由数以亿计同样结构的简单记录组成，因此，分析操作多为对数据集全部简单记录进行批量处理，所以基于粗粒度、重复性简单操作设计的 RDD 可以很好地满足大数据分析任务的需求，是一种很贴合大数据领域数据集特点的数据抽象。

（2）有效、低成本的容错机制

正如前面所介绍的，RDD 具有不可修改的特性，即一旦创建只能通过粗粒度的转化操作生成子 RDD，而无法对庞大的数据集的某条记录进行增添、修改、删除、查询操作，而正是由于 RDD 的这种"轻视"单一个体，而"重视"整体变化的思想，使得即使数据量大到惊人的 RDD 之间的转化计算关系也可以通过小巧的 RDD Lineage（RDD 依赖关系图）来轻松表达，因此，当 RDD 的某些分区丢失时，仅需根据 RDD Lineage 回溯依赖关系，将父 RDD 的相关分区进行重新计算即可，而不会像 DSM 应用 Redis 这种基于细粒度操作的系统需要付出检查点开销，一旦出错，需要根据检查点和日志文件，将出错时间段的每一个细粒度操作执行逆操作，从而回滚到上一个正常点，从而付出高昂的容错代价。

（3）无须考虑一致性的数据备份，大大降低了容错代价

由于 RDD 的不可修改性，RDD 的数据备份，无论是持久化到磁盘还是内存都无须顾虑类似 DSM 数据实时更新带来的多个数据备份不一致的问题，因此由于 RDD 是静态的原因，RDD 的数据备份并不需要付出解决并发导致的数据一致化问题（丢失的修改、不可重复读、脏数据）带来的高昂策略成本以及系统资源代价

（4）在 RDD 的设计中，实现了基于 RDD 数据存储位置的计算本地化

此外，在 RDD 的设计中，实现了基于 RDD 数据存储位置的计算本地化，减少各个节点网络间传输数据的开销。正如上面所介绍的，RDD 实际上是由多个分区组成的，而一个并行计算任务对应着某个节点的一个 RDD 分区，当 Spark 进行任务调度时，会按照"移动数据不如移动计算"的理念，根据记录着 RDD 每个分区优先存储位置（preferred location）的列表尽可能地将计算任务分配到其所需处理的数据块的位置，从而实现计算本地化，避免各个节点传输数据块带来的资源浪费和计算任务拖延问题。

3.8　RDD 缓存、持久化

RDD 以分区（Partition）为单位进行持久化（persist）或缓存（cache），是 Spark 最重要的特征之一，持久化/缓存是迭代式计算和交互式应用的关键技术，通常可以使部分计算的计算速度提升 10 倍以上。

对某个 RDD 进行过缓存/持久化标记后，当该 RDD 第一次被行动操作激活时，即真正需要根据 lineage 世代关系图谱通过父代 RDD 和依赖关系计算出该 RDD 时，相关节点都将把计算的分片结果保存在内存中，并在对此 RDD 或衍生出的 RDD 进行的其他行动操作中重用（不需要重新计算）。

正如图 3-14 所示，若不对反复重用的中间结果 RDD20 进行缓存，那么在计算 RDD30、RDD31. RDD32. RDD33. RDD40 时，都将会反复从头开始计算，不断地重复计算着由 RDD00、RDD01 转化到 RDD20 的过程，因此，在这种反复重用中间某个或某几个 RDD 的情况下，对中间结果 RDD 进行缓存操作，会避免重复计算带来的资源浪费，从而使分析速度更快。

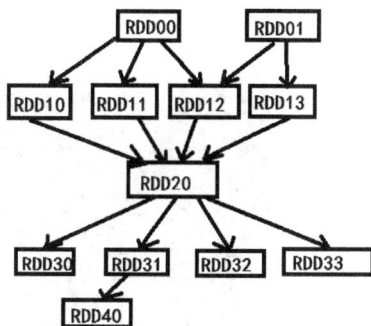

图 3-14

3.8.1　RDD 缓存

如图 3-15 所示，当对 RDD 调用 cache()进行缓存时，其实是对 RDD 执行（MEMORY_ONIY）默认存储等级的持久化操作，即仅在集群各相关节点的内存中进行缓存。

```
def cache(): RDD.this.type
    Persist this RDD with the default storage level (MEMORY_ONLY).
```

图 3-15

一般情况下，调用 cache()函数，对重用 RDD 进行默认存储等级（仅内存）的持久化即可避免反复重新计算重用 RDD 带来的资源浪费和计算速度慢问题，若需对 RDD 进行其他存储等级（例如磁盘上的持久化，是否需进行序列化）的持久化，请参考 3.7.2 节调用 persist()对 RDD 进行不同存储等级的持久化相关内容。

以下示例是从 hdfs 读取文本文件，并将每一行的单词按空格分割进而通过 map()、reduceByKey()求出记录着每个单词出现次数的 RDD，并对该 RDD 进行 cache()操作，以便将来对其多次重用。

```
val rdd = sc.textFile("hdfs://192.168.30.19:9000/wrd/wc/srcdata/data.txt")
.flatMap(_.split(" "))
.map((_,1))
.reduceByKey(_+_)
rdd.cache()//现在没有缓存
rdd.collect//遇到 action 操作才真正开始计算该 RDD 并开始缓存
.cache()是一个转化操作，也是惰性计算。
```

如图 3-16 所示，在 job 的 storage 页面也可以看到集群所有 RDD 缓存，以及缓存等级、被缓存分区个数、内存、磁盘占用信息。

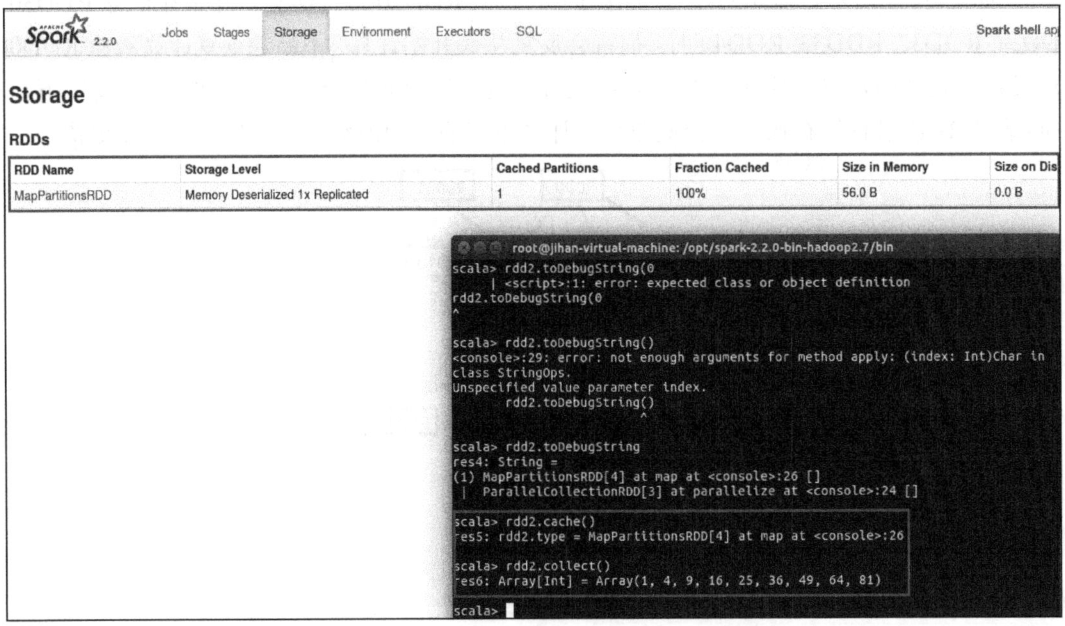

图 3-16

.unpersist(true)释放这个资源，当与被缓存 RDD 的相关的任务完成，不再需要重用该 RDD

时，可以通过该函数消除缓存的 RDD，以释放缓存 RDD 占用的内存、磁盘存储资源，以便为集群节省资源，进行其他计算任务。

```
rdd.unpersist()//立即清除缓存
```

persist 方法设置缓存方式当以上 cache() 方法默认仅在内存中缓存一份的方式不再能满足需求时，RDD 可通过 persist 进行更丰富的持久化设置，Spark 的存储级别还有好多种，存储级别在 object StorageLevel 中定义的。

3.8.2　RDD 持久化

如图 3-17 所示，无参的 persist() 函数效果等同于 cache()，皆是对 RDD 进行默认存储等级（MEMORY_ONLY）的缓存，而第二个重载的 persist() 函数则支持多种存储等级的持久化缓存的 RDD 一般存储在内存中，但如果被缓存的 RDD 过大，内存不够，可以考虑对 RDD[T] 进行序列化（使用的空间少，但对 RDD 对象序列化需消耗 cpu 计算资源）写到内存或磁盘上，并且还可以在存储等级的末尾加上 "_2" 来表示把持久化数据存为两份，以增强 RDD 容错性，即 RDD 任何一个分区丢失，因缓存多份，无须重新计算该丢失分区，直接采用备份分区。

```
def persist(): RDD.this.type
    Persist this RDD with the default storage level (MEMORY_ONLY).

def persist(newLevel: StorageLevel): RDD.this.type
    Set this RDD's storage level to persist its values across operations after
    the first time it is computed.
```

图 3-17

例 3-7 对实例 RDD 进行持久化（persist），参数值 StorageLevel.MEMORY_AND_DISK_SER_2 表示会把数据以序列化的形式存储在内存中，若内存放不下，则溢出到磁盘中，并且将 RDD 存为两份，以防止某节点故障导致该 RDD 某分区丢失导致的重新计算该 RDD 分区。

例 3-7：Persist 持久化参数设置

```
val arrayInt = 1 to 100000
val rdd = sc.makeRDD(arrayInt)
rdd.persist(StorageLevel.MEMORY_AND_DISK_SER_2)
val rddFilter = rdd.filter { x => x < 5}

println(rdd.collect().mkString(","))
```

典型错误如图 3-18 所示：

```
scala> rdd.persist(StorageLevel.MEMORY_AND_DISK_SER._5)
<console>:29: error: not found: value StorageLevel
       rdd.persist(StorageLevel.MEMORY_AND_DISK_SER._5)
```

图 3-18

当调用 persist（newLevel: StorageLevel），需对表示存储等级的 newLevel 参数设置对应值，

而该值的类型是 StorageLevel，即存储级别在 object StorageLevel 中定义的，因此上图的错误在于没有 import org.apache.spark.storage.StorageLevel，进而导致驱动器无法识别 object StorageLevel。

解决方法：在程序中引入对应包，如图 3-19 所示。

```
scala> import org.apache.spark.storage.StorageLevel
import org.apache.spark.storage.StorageLevel
```

图 3-19

为了避免多次计算同一个 RDD，可以让 Spark 对数据进行持久化。当我们让 Spark 持久化存储一个 RDD 时，计算出 RDD 的节点会分别保存它们所求出的分区数据。

如果一个有持久化数据的节点发生故障，Spark 恰好需要用到缓存的数据时，如果希望节点故障的情况不会拖累我们的执行速度，也可以把数据备份到多个节点上。

基于对集群计算（cpu）资源、内存资源、磁盘资源的了解与权衡，结合对 Spark 分析任务对时间、空间的需求，我们可以为 RDD 选择不同的持久化级别。

如图 3-20 所示，图中给出 org.apache.spark.storage.StorageLevel 和 pyspark.StorageLevel 中的持久化级别。如有必要，可以通过在存储级别的末尾加上"_2"来把持久化数据存为两份，以增强容错性，防止节点故障。

MEMORY_ONLY	默认选项，RDD的（分区）数据直接以Java对象的形式存储于JVM的内存中，如果内存空间不足，某些分区的数据将不会被缓存，需要在使用的时候根据世代信息重新计算。
MYMORY_AND_DISK	RDD的数据直接以Java对象的形式存储于JVM的内存中，如果内存空间不中，某些分区的数据会被存储至磁盘，使用的时候从磁盘读取。
MEMORY_ONLY_SER	RDD的数据（Java对象）序列化之后存储于JVM的内存中（一个分区的数据为内存中的一个字节数组），相比于MEMORY_ONLY能够有效节约内存空间（特别是使用一个快速序列化工具的情况下），但读取数据时需要更多的CPU开销；如果内存空间不足，处理方式与MEMORY_ONLY相同。
MEMORY_AND_DISK_SER	相比于MEMORY_ONLY_SER，在内存空间不足的情况下，将序列化之后的数据存储于磁盘。
DISK_ONLY	仅仅使用磁盘存储RDD的数据（未经序列化）。
MEMORY_ONLY_2, MEMORY_AND_DISK_2, etc.	以MEMORY_ONLY_2为例，MEMORY_ONLY_2相比于MEMORY_ONLY存储数据的方式是相同的，不同的是会将数据备份到集群中两个不同的节点，其余情况类似。
OFF_HEAP(experimental)	RDD的数据序例化之后存储至Tachyon。相比于MEMORY_ONLY_SER，OFF_HEAP能够减少垃圾回收开销、使得Spark Executor更"小"更"轻"的同时可以共享内存；而且数据存储于Tachyon中，Spark集群节点故障并不会造成数据丢失，因此这种方式在"大"内存或多并发应用的场景下是很有吸引力的。需要注意的是，Tachyon并不直接包含于Spark的体系之内，需要选择合适的版本进行部署；它的数据是以"块"为单位进行管理的，这些块可以根据一定的算法被丢弃，且不会被重建。

图 3-20

使用 PySpark（即使用 Python 开发 Spark 应用程序）时，所有需要存储的数据都会使用 Pickle 进行序列化，这种行为与存储级别无关。

Spark 推荐用户将需要重复使用的 RDD 通过 persist()或 cache()显式持久化。同时我们需要知道,在某些情况下系统会自动隐式触发持久化操作,而不需程序员手动设置,会触发"Shuffle"的操作是特殊的,例如 reduceByKey,即使没有用户的显式 persist,它也会自动持久化"Shuffle"的中间结果,以防止"Shuffle"过程中某些节点故障导致整个输入数据被重新计算。

3.8.3　持久化存储等级选取策略

那么我们应该如何选取持久化的存储级别呢？实际上存储级别的选取就是 Memory 与 CPU 之间的双重权衡，可以参考下述内容：

（1）如果 RDD 的数据量对于集群内存容量压力较小，可以很好地兼容默认存储级别（MEMORY_ONLY），那么优先使用它，这是 CPU 工作最为高效的一种方式，可以很好地提高运行速度。

（2）如果（1）不能满足，即集群的内存资源相较于 cpu 资源十分匮乏，则尝试使用 MEMORY_ONLY_SER，且选择一种快速的序列化工具，也可以达到一种不错的效果。

（3）一般情况下不要把数据持久化到磁盘，除非计算是非常"昂贵"的或者计算过程会过滤掉大量数据，因为重新计算一个分区数据的速度可能要高于从磁盘读取一个分区数据的速度。

（4）如果需要快速的失败恢复机制，则使用备份的存储级别，如 MEMORY_ONLY_2、MEMORY_AND_DISK_2；虽然所有的存储级别都可以通过重新计算丢失的数据实现容错，但是备份机制使得大部分情况下应用无须中断，即数据丢失情况下，直接使用备份数据，而不需要重新计算数据的过程；

（5）如果处于大内存或多应用的场景下，OFF_HEAP 可以带来以下的好处：

● 它允许 Spark Executors 可以共享 Tachyon 的内存数据；
● 它在很大程度上减少 JVM 垃圾回收带来的性能开销；
● Spark Executors 故障不会导致数据丢失。

如果要缓存的数据太多，内存中放不下，Spark 会自动利用最近最少使用（LRU）的缓存策略把最老的分区从内存中移除。对于仅把数据存放在内存中的缓存级别，下一次要用到已经被移除的分区时，这些分区就需要重新计算。但是对于使用内存与磁盘的缓存级别的分区来说，被移除的分区都会写入磁盘。不论哪一种情况，都不必担心你的作业因为缓存了太多数据而被打断。不过，缓存不必要的数据会导致有用的数据被移出内存，带来更多重算的时间开销。

最后，RDD 还有一个方法叫作 unpersist()，调用该方法可以手动把持久化的 RDD 从缓存中移除。

3.9 RDD checkpoint 容错机制

经过上一节的学习，我们了解到合理地将 RDD 持久化/缓存，不仅直接避免了 RDD 的重复计算导致的资源浪费和占用还提升了 RDD 的容错性，而且间接提升了分析任务的完成效率，那么为什么又会需要基于 checkpoint 的容错机制，在什么情况下需要设置 checkpoint 呢？

对 RDD 进行 checkpoint 操作，会将 RDD 直接存储到磁盘上，而不是内存，从而实现真正的数据持久化。

checkpoint 实际上对 RDD lineage（RDD 依赖关系图谱）的辅助和重新切割修正，当 RDD 依赖关系过于冗长和复杂时，即依赖关系已达数十代，多个不同的分析任务同时依赖该 RDD lineage 多个中间 RDD 时，并且内存难以同时满足缓存多个相关中间 RDD 时，可以考虑根据多个不同分析任务依赖的中间 RDD 的不同，使用 checkpoint 将该 RDD lineage 切分成多个子 RDD lineage，这样每一个子 RDD lineage 都会从各自 checkpoint 开始算起，从而实现了相互独立，大大减少了由于过于冗长的 RDD lineage 造成的高昂容错成本以及内存资源不足问题。

以下示例为 RDD 设置检查点（checkpoint）。checkpoint 函数将会创建一个二进制的文件，并存储到 checkpoint 目录中（checkpoint 保存的目录是在 HDFS 目录中，天然地保证了存储的可靠性），该目录是用 SparkContext.setCheckpointDir()设置的。在 checkpoint 的过程中，该 RDD 的所有依赖于父 RDD 中的信息将全部被移出。对 RDD 进行 checkpoint 操作并不会马上被执行，必须执行 Action 操作才能触发。

```
sc.setCheckpointDir("hdfs://master:9000/..")//会在指定目录创建一个文件夹
//对指定 rdd 设置 checkpoint
rdd.checkpoint//rdd 尚未存储到 checkpoint 目录中
rdd.collect//遇到 action 操作才真正开始计算该 RDD 并存储到 checkpoint 目录中
```

checkpoint 和 cache 一样，是转化操作当遇到行动操作时，checkpoint 会启动另一个任务，将数据切割拆分，保存到设置的 checkpoint 目录中。

在 Spark 的 checkpoint 源码中提到：

（1）当使用了 checkpoint 后，数据被保存到 HDFS，此 RDD 的依赖关系也会丢掉，因为数据已经持久化到硬盘，不需要重新计算，会丢弃掉。

（2）强烈推荐先将数据持久化到内存中（cache 操作），否则直接使用 checkpoint 会开启一个计算，浪费资源。为啥要这样呢？因为 checkpoint 会触发一个 Job，如果执行 checkpoint 的 rdd 是由其他 rdd 经过许多计算转换过来的，如果你没有持久化这个 rdd，那么又要从头开始计算该 rdd，也就是做了重复的计算工作了，所以建议先 persist rdd 然后再 checkpoint。

（3）对涉及大量迭代计算的重要阶段性结果设置检查点。 checkpoint 会丢弃该 rdd 的以前的依赖关系，使该 rdd 成为顶层父 rdd，这样在失败的时候恢复只需要恢复该 rdd,而不需要重新计算该 rdd 了，这在迭代计算中是很有用的，假设你在迭代 1000 次的计算中在第 999

次失败了，然后你没有 checkpoint，你只能重新开始恢复了，如果恰好你在第 998 次迭代的时候做了一个 checkpoint，那么你只需要恢复第 998 次产生的 rdd，然后再执行 2 次迭代完成总共 1000 的迭代，这样效率就很高，比较适用于迭代计算非常复杂的情况。也就是说在恢复计算代价非常高的情况下，适当进行 checkpoint 会有很大的好处。

第 4 章
Spark SQL编程入门

4.1 Spark SQL 概述

4.1.1 Spark SQL 是什么

Spark SQL 是用于结构化数据、半结构化数据处理的 Spark 高级模块，可用于从各种结构化数据源，例如 JSON（半结构化）文件、CSV 文件、ORC 文件（ORC 文件格式是一种 Hive 的文件存储格式，可以提高 Hive 表的读、写以及处理数据的性能）、Hive 表、Parquest 文件（新型列式存储格式，具有降低查询成本、高效压缩等优点，广泛用于大数据存储、分析领域）中读取数据，然后在 Spark 程序内通过 SQL 语句对数据进行交互式查询，进而实现数据分析需求，也可通过标准数据库连接器（JDBC/ODBC）连接传统关系型数据库，取出并转化关系数据库表，利用 Spark SQL 进行数据分析。

这里解释一下结构化数据：结构化数据是指记录内容具有明确的结构信息且数据集内的每一条记录都符合结构规范的数据集合，是由二维表结构来逻辑表达和实现的数据集合。可以类比传统数据库表来理解该定义，所谓的"明确结构"即是由预定义的表头（Schema）表示的每一条记录由哪些字段组成以及各个字段的名称、类型、属性等信息。

4.1.2 Spark SQL 通过什么来实现

若需处理的数据集是典型结构化数据源，可在 Spark 程序中引入 Spark SQL 模块，首先读取待处理数据并将其转化为 Spark SQL 的核心数据抽象——DataFrame，进而调用 DataFrame API 来对数据进行分析处理，也可以将 DataFrame 注册成表，直接使用 SQL 语句在数据表上进行交互式查询。

当计算结果时，Spark 底层会使用相同的执行引擎，独立于用来表达计算的 API /编程语言（目前 Spark SQL 主要支持 Scala、Python、Java、R），所以开发者可以选择 Scala、Python、Java、R 中较自己更顺手的编程语言进行 Spark SQL 学习、开发。

另外，相比于 RDD，Spark SQL 模块的数据抽象（DataFrame）不仅提供了更加丰富的算子操作，还清楚地知道该数据集包含哪些列，每一列数据的名称、类型，并将这些结构信息

（Schema）运用在底层计算、存储和优化中，从而在程序员并没有显式调优的情况下，Spark SQL 模块也会自动根据 DataFrame 提供的结构信息来减少数据读取、提升执行效率以及对执行计划进行优化。除了 Spark SQL 模块内部自动对计算过程进行丰富、智能地调优外，我们也可以通过手动设置诸多 Spark 应用运行时的参数来更好地配合 Spark 集群 cpu、内存可用资源以及业务需求等实际情况，进而提升 Spark 应用的执行效率以及整个 Spark 集群的健康有效地运行。在 Spark 内部，Spark SQL 能够用于做优化的信息较 RDD 更多，详细内容可参考第 9 章——让 Spark 程序更快一点。

4.1.3 Spark SQL 处理数据的优势

Spark SQL 是 Spark 用来操作结构化数据的程序包，在程序中通过引入 Spark SQL 模块，我们便可以像从前在关系型数据库利用 SQL（结构化查询语言）分析关系型数据库表一样简单快捷地在 Spark 大数据分析平台上对海量结构化数据进行快速分析，而 Spark 平台屏蔽了底层分布式存储、计算、通信的细节以及作业解析、调度的细节，使我们开发者仅需关注 如何利用 SQL 进行数据分析的程序逻辑即可。

Spark SQL 除了为 Spark 提供了一个 SQL 接口，还支持开发者将 SQL 和传统的 RDD 编程的数据操作方式相结合，不论使用 Python、Java 还是 Scala，开发者都可以在单个应用中同时使用 SQL 和复杂的数据分析。

另外，Spark SQL 与 Spark 平台上其他高级模块如 Spark Streaing（实时计算）、MLlib（机器学习）、GraphX（图计算）有紧密结合的特点，这就意味着 Spark SQL 可以在任何不同种需求的大数据应用中扮演处理中间结构化数据的角色，从而成为了 Spark 大数据开发中结构化数据处理领域必不可少的工具。

4.1.4 Spark SQL 数据核心抽象——DataFrame

1. DataFrame 概念

DataFrame 的定义与 RDD 类似，即都是 Spark 平台用以分布式并行计算的不可变分布式数据集合。与 RDD 最大的不同在于，RDD 仅仅是一条条数据的集合，并不了解每一条数据的内容是怎样的，而 DataFrame 明确的了解每一条数据有几个命名字段组成，即可以形象地理解为 RDD 是一条条数据组成的一维表，而 DataFrame 是每一行数据都有共同清晰的列划分的二维表。概念上来说，它和关系型数据库的表或者 R 和 Python 中 data frame 等价，只不过 DataFrame 在底层实现了更多优化。

从编程角度来说，DataFrame 是 Spark SQL 模块所需处理的结构化数据的核心抽象，即在 Spark 程序中若想要使用简易的 SQL 接口对数据进行分析，首先需要将所处理数据源转化为 DataFrame 对象，进而在 DataFrame 对象上调用各种 API 来实现需求。

DataFrame 可以从许多结构化数据源加载并构造得到，如：结构化数据文件，Hive 中的表，外部数据库，已有的 DataFrame API 支持多种高级程序语言 Scala、Java、Python 和 R。

另外值得注意的是，正如下图官方文档所提示的那样，在 Java 和 Scala 中，DataFrame 其实就是 DataSet[Row]，即由表示每一行内容的 Row 对象组成的 DataSet 对象，因此大家如果想去官方 API 手册查询 DataFrame 丰富的 API 时，应该在 DataSet 类下查找。

> Throughout this document, we will often refer to Scala/Java Datasets of Rows as DataFrames.

2. RDD 和 DataFrame 的区别

RDD 和 DataFrame 均为 Spark 平台对数据的一种抽象，一种组织方式，但是两者的地位或者说设计目的却截然不同。RDD 是整个 Spark 平台的存储、计算以及任务调度的逻辑基础，更具有通用性，适用于各类数据源，而 DataFrame 是只针对结构化数据源的高层数据抽象，其中在 DataFrame 对象的创建过程中必须指定数据集的结构信息（Schema），所以 DataFrame 生来便是具有专用性的数据抽象，只能读取具有鲜明结构的数据集。

图 4-1 直观地体现了 DataFrame 和 RDD 的区别。左侧的 RDD[Person]虽然以 Person 类为类型参数，但 Spark 平台本身并不了解 Person 类的内部结构。而右侧的 DataFrame 却提供了详细的结构信息，使得 Spark SQL 可以清楚地知道该数据集中包含哪些列，每列的名称和类型各是什么。DataFrame 多了数据的结构信息，即 schema。RDD 是分布式的 Java 对象的集合，DataFrame 则是分布式的 Row 对象的集合。DataFrame 除了提供了比 RDD 更丰富的算子操作以外，更重要的特点是利用已知的结构信息来提升执行效率、减少数据读取以及执行计划的优化，比如 filter 下推、裁剪等。

正是由于 RDD 并不像 DataFrame 提供详尽的结构信息，所以 RDD 提供的 API 功能上并没有像 DataFrame 强大丰富且自带优化，所以又称为 Low-level API，相比之下，DataFrame 被称为 high-level 的抽象，其提供的 API 类似于 SQL 这种特定领域的语言（DSL）来操作数据集。

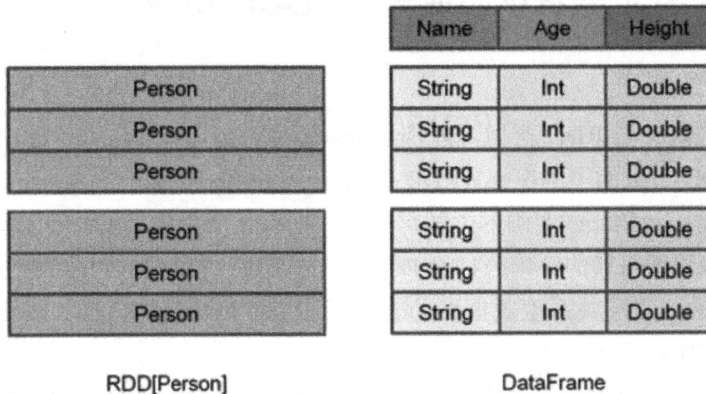

RDD[Person]	DataFrame

Person
Person
Person
Person
Person
Person

Name	Age	Height
String	Int	Double
String	Int	Double
String	Int	Double
String	Int	Double
String	Int	Double
String	Int	Double

图 4-1

3. RDD、DataFrame 使用场景

RDD 是 Spark 的数据核心抽象，DataFrame 是 Spark 四大高级模块之一 Spark SQL 所处理数据的核心抽象，基于上一章对 RDD 以及 RDD 提供的 API 的学习，我们了解到，所谓的数

据抽象，就是当为了解决某一类数据分析问题时，根据问题所涉及的数据结构特点以及分析需求在逻辑上总结出的典型、普适该领域数据的一种抽象，一种泛型，一种可表示该领域待处理数据集的模型。

而 RDD 是作为 Spark 平台一种基本、通用的数据抽象，基于其不关注元素内容及结构的特点，我们对结构化数据、半结构化数据、非结构化数据一视同仁，都可转化为由同一类型元素组成的 RDD。但是作为一种通用、普适的工具，其必然无法高效、便捷地处理一些专门领域具有特定结构特点的数据，因此，这就是为什么，Spark 在推出基础、通用的 RDD 编程后，还要在此基础上提供四大高级模块来针对特定领域、特定处理需求以及特定结构数据，比如 Spark Streaing 负责处理流数据，进行实时计算（实时计算），而 Spark SQL 负责处理结构化数据源，更倾向于大规模数据分析，而 MLlib 可用于在 Spark 上进行机器学习。

因此，若需处理的数据是上述的典型结构化数据源或可通过简易处理可形成鲜明结构的数据源，且其业务需求可通过典型的 SQL 语句来实现分析逻辑，我们可以直接引入 Spark SQL 模块进行编程。

使用 RDD 的一般场景：

- 你需要使用 low-level 的转化操作和行动操作来控制你的数据集；
- 你得数据集非结构化，比如，流媒体或者文本流；
- 你想使用函数式编程来操作你得数据，而不是用特定领域语言（DSL）表达；
- 你不在乎 schema，比如，当通过名字或者列处理（或访问）数据属性不在意列式存储格式；
- 你放弃使用 DataFrame 和 Dataset 来优化结构化和半结构化数据集。

4.2　Spark SQL 编程入门示例

通过 3.1 节的学习，大家已经了解到 Spark SQL 是 Spark 平台上处理结构化数据源的一把大数据分析利器，而如何通过程序员编程来使用 Spark SQL 接口将是本小节讲述的核心内容。注意本节示例的编程语言采用 Scala，Spark 版本为 2.2.0。

4.2.1　程序主入口：SparkSession

Spark SQL 模块的编程主入口点是 SparkSession，SparkSession 对象不仅为用户提供了创建 DataFrame 对象、读取外部数据源并转化为 DataFrame 对象以及执行 sql 查询的 API，还负责记录着用户希望 Spark 应用如何在 Spark 集群运行的控制、调优参数，是 Spark SQL 的上下文环境，是运行的基础。

如下代码所示，可以通过 SparkSession.builder() 创建一个基本的 SparkSession 对象，并为该 Spark SQL 应用配置一些初始化参数，例如设置应用的名称以及通过 config 方法配置相关运行参数。

```
import org.apache.spark.sql.SparkSession
val sparkSession = SparkSession
  .builder()
  .appName("Spark SQL 应用实例")
  .config("spark.some.config.option", "some-value")
  .getOrCreate()
// 引入 spark.implicits._ ，以便于 RDDs 和 DataFrames 之间的隐式转换
import spark.implicits._
```

Spark 2.0 中的 SparkSession 为 Hive 提供了强大的内置支持，包括使用 HiveQL 编写查询语句，访问 Hive UDF 以及从 Hive 表读取数据的功能。若是仅以学习为目的去测试这些功能时，并不需要在集群中特意安装 Hive 即可在 Spark 本地模式下测试 Hive 支持。

4.2.2　创建 DataFrame

应用程序使用上一步创建的 SparkSession 对象提供的 API，可以从现有的 RDD，Hive 表或其他结构化数据源中创建 DataFrame 对象。

作为示例，以下将基于 JSON 文件的内容创建 DataFrame：

```
//使用 sparkSession 对象提供的 read()方法可读取数据源(read 方法返回了一个 DataFrameReader
对象)，进而通过 json()方法标识数据源具体类型为 Json 格式
val df = sparkSession.read.json("examples/src/main/resources/people.json")
// 在返回的 DataFrame 对象使用 show(n)方法，展示数据集前 n 条数据
df.show(3)
// +----+-------+
// | age|   name| height| weight|
// | 20|Michael| 173 | 150|
// | 30|   Andy| 168| 140|
// | 19| Justin| 185| 145|
// +----+-------+
```

4.2.3　DataFrame 基本操作

在成功地将结构化数据源转化为 DataFrame 对象后，DataFrame 为我们提供了灵活、强大且底层自带优化的 API，例如 select、where、orderBy、groupBy、limit、union 这样的算子操作，对于熟悉 SQL 的读者来说，看到 DataFrame 提供这一系列算子会感到十分熟悉，而 DataFrame 正是将 SQL select 语句的各个组成部分封装为同名 API，用以帮助程序员通过 select、where、orderBy 等 DataFrame API 灵活地组合实现 sql 一样的逻辑表达。因此，DataFrame 编程仅需像 SQL 那样简单地对计算条件、计算需求、最终所需结果进行声明式的描述即可，而不需要像 RDD 编程那样一步步地对数据集进行原始操作。

接下来通过几个实例来看一看 DataFrame API 的使用。以下实例仍沿用上一小节根据记录着学生姓名、年龄、身高、体重的 JSON 文件内容所创建的 DataFrame 对象——df。

① 以树格式输出 DataFrame 对象的结构信息（Schema）。

```
df.printSchema()
// root
// |-- age: long (nullable = true)
// |-- name: string (nullable = true)
// |-- height: long (nullable = true)
// |-- weight: long (nullable = true)
```

② 通过 DataFrame 的 select（）方法查询数据集中 name 这一列。

```
df.select("name").show(3)
// +-------+
// |   name|
// +-------+
// |Michael|
// |   Andy|
// | Justin|
// +-------+
```

③ 组合使用 DataFrame 对象的 selec()、where()、orderBy()方法查找身高大于 175cm 同学的姓名、和下一学年的年龄以及体重情况并且使结果集内记录按照 age 字段进行升序排序。

```
import spark.implicits._
df.select($"name", $"age" + 1,$"weight").where($"height" >
175).orderBy(df("age").asc).show(3)
// +-------+---------+
// | (age+1) |   name|  weight|
// |   20|   Lucy| 150|
// |   21|  candy| 140|
// |   21| Justin| 145|
// +-------+---------+
```

④ 使用 DataFrame 对象提供的 groupBy 方法进而统计班级内学生年龄分布。

```
df.groupBy("age").count().show()
// +----+-----+
// | age|count|
// |  19|    5|
// | 20|   21|
// |  21|    6|
// +----+-----+
```

上面的实例③ ④中很好地展示了通过灵活组合使用 DataFrame 提供的 API 可以实现 SQL 一样清晰简明的逻辑表达，试想一下若是同样的数据集、同样的分析需求采用 RDD 编程又会带来怎样的麻烦和资源浪费呢?首先 RDD 对 JSON 这种文件格式并不敏感，会像读取文本文件一样按行读取 JSON 文件，转化为 RDD[String]，而不会像 DataFrame 那样自动解析 JSON

格式数据并且自动推断出结构信息（Schema），因此我们必须在程序中首先实例化一个 JSON 解析器用于解析 JSON 字符串得到真实数据组成的数组，实际是将 RDD[String]转化为由一行行记录着多个共有字段数值的数组组成的 RDD[Array[String]]，进而使用 map、filter、takeOrdered、distinct、union 等 RDD 算子操作进行具体一步步地数据操作来实现业务逻辑。

相比之下，我们看出有时候同样的数据量，同样的分析需求，用 RDD 编程实现不仅代码量更大，而且会极有可能因为程序员不良操作加重集群的开销，而采用 DataFrame API 组合编程有时仅需一行代码即可实现复杂的分析需求。

4.2.4 执行 SQL 查询

SparkSession 为用户提供了直接执行 sql 语句的 SparkSession.sql(sqlText：String) 方法，sql 语句可直接作为字符串传入 sq() 方法中，sql 查询所得到结果依然为 DataFrame 对象。在 Spark SQL 模块上直接执行 sql 语句的查询需要首先将标志着结构化数据源的 DataFrame 对象注册成临时表，进而在 sql 语句中对该临时表进行查询操作，具体步骤如下例所示：

```
//调用 DataFrame 提供的 createOrReplaceTempView 方法，将 df（沿用记录着姓名、年龄、身高、
体重等学生信息的 DataFrame 对象—df）注册成 student 临时表
df.createOrReplaceTempView("student")
//调用 SparkSession 提供的 sql 接口，对 student 临时表进行 sql 查询，需要注意的是 sql（）方法
的返回值仍为 DataFrame 对象
val sqlDF = sparkSession.sql("SELECT name, age FROM student")
sqlDF.show(3)
// +----+-------+
// | age|   name|
// |null|Michael|
// |  30|   Andy|
// |  19| Justin|
// +----+-------+
```

由上述操作，可看出 DataFrame 是 Spark SQL 核心的数据抽象，读取的数据源需要转化成 DataFrame 对象，才能利用 DataFrame 各种 API 进行丰富操作，也可将 DataFrame 注册成临时表，从而直接执行 SQL 查询，而 DataFrame 上的操作之后返回的也是 DataFrame 对象。

另外，因为本小结所讲述的是如何通过 SparkSession 提供的 SQL 接口直接进行 SQL 查询，而关于具体完成业务需求所需的 SQL 语句如何来编写，大家可以直接百度查询相关 SQL 教程进行学习。Spark SQL 的 SQL 接口全面支持 SQL 的 select 标准语法，包括 SELECT DISTINCT、from 子句、where 子句、order by 字句、group by 子句、having 子句、join 子句，还有典型的 SQL 函数，例如 avg()、count()、max()、min()等，除此之外，Spark SQL 在此基础上还提供了大量功能强大的可用函数，可嵌入 sql 语句中使用，有聚合类函数、时间控制类函数、数学统计类函数、字符串列控制类函数等，感兴趣或有这方面分析需求的读者具体可查看官方文档 http://spark.apache.org/docs/latest/api/scala/index.html#org.apache.spark.sql.functions$。

4.2.5 全局临时表

全局临时表（global temporary view）于临时表（temporary view）是相对的，全局临时表的作用范围是某个 Spark 应用程序内所有会话（SparkSession），它会持续存在，在所有会话中共享，直到该 Spark 应用程序终止

因此，若在同一个应用中不同的 session 中需重用一个临时表，不妨将其注册为全局临时表，可避免多余 I/O，提高系统执行效率，当然如果某个临时表只在整个应用中的某个 session 中需使用，仅需注册为局部临时表，避免不必要的在内存中存储全局临时表

另外，全局临时表与系统保留的数据库 global_temp 相关联，引用时需用 global_temp 标识，例如： SELECT * FROM global_temp.view1。

```
// //调用 DataFrame 提供的 createGlobalTempView 方法，将 df（沿用记录着姓名、年龄、身高、
体重等学生信息的 DataFrame 对象——df）注册成 student 全局临时表，可在同一 Spark 应用程序的多个
session 中共享
df.createGlobalTempView("student")
// 引用全局临时表时需用 global_temp 进行标识
sparkSession.sql("SELECT name,age FROM global_temp.student").show()
// +----+-------+
// | age|   name|
// |null|Michael|
// |  30|   Andy|
// |  19| Justin|
// +----+-------+
// 调用已有的 sparkSession 对象的 newSession（）方法返回一个新的 SparkSession 对象，并在新
的 SparkSession 对象调用 sql 方法，同样对 people 全局临时表进行查询测试，结果相同，验证了全局
临时表是可以跨会话进行查询
sparkSession.newSession().sql("SELECT name,age FROM global_temp.people").show()
// +----+-------+
// | age|   name|
// +----+-------+
// |null|Michael|
// |  30|   Andy|
// |  19| Justin|
// +----+-------+
```

4.2.6 Dataset

这里之所以拿出一节的篇幅来单独介绍 Dataset，不仅因为 Spark SQL 的核心数据抽象 DataFrame 正是特殊的 Dataset，还因为功能强大且更高效的 Dataset 将会逐渐取代 RDD 成为我们在 Spark 上开发编程主要使用的 API，因此我们需要简要地了解 Dataset

DataFrame 等价于 Dataset[Row]，也就是之前调用 SparkSession.read 接口读取数据源实际上是将结构化数据文件的每一行作为一个 Row 对象，最后由众多 Row 对象和对应的结构信息组成了 Dataset 对象。除了定义 Row 类型的 Dataset，还可以是其他类型甚至是用户自定义类

型的 Dataset[T]。

另外，Dataset[T]中对象的序列化并不使用 Java 标准序列化或 Kryo，而是使用专门的编码器对对象进行序列化以便通过网络进行处理或传输。 虽然编码器和标准序列化都负责将对象转换为字节，但编码器是根据 Dataset[T]的元素类型（T）动态生成，并且允许 Spark 无须将字节反序列化回对象的情况下即可执行许多操作（如过滤、排序和散列），因此避免了不必要的反序列化导致的资源浪费，更加高效。

通过以下实例进一步了解 Dataset 的创建和 Dataset[T]与 DataFrame 之间的转化：

```
//创建 Dataset[Person]
case class Person(name: String, age: Long)
// Person 对象组成的序列转换为 Dataset，转换过程中自动生成了 Dataset[Person]必要的 Person
样例类对应的编码器。
import spark.implicits._
val caseClassDS = Seq(Person("Andy", 32),Person("Amy", 23)).toDS()
caseClassDS.show()
// +----+---+
// |name|age|
// +----+---+
// |Andy| 32|
// |Amy| 23|
// +----+---+
//基本数据类型和样例类的编码器可通过引入 spark.implicits._自动生成
//创建 Dataset[Int]
val primitiveDS = Seq(1, 2, 3).toDS()
primitiveDS.map(_ + 1).collect()
// 返回值: Array(2, 3, 4)
// 可以通过指定类名的方式将 DataFrame 对象转化为对应类的 Dataset 对象
//DataFrame 转化为 Dataset[Person]
val path = "examples/src/main/resources/people.json"
val peopleDS = spark.read.json(path).as[Person]
peopleDS.show()
// +----+-------+
// | age|   name|
// +----+-------+
// |null|Michael|
// | 30|   Andy|
// | 19| Justin|
// +----+-------+
```

在了解了如何创建或转化得到 Dataset 对象之后，为了读者能够更深入地了解如何使用 Dataset 取代 RDD 进行编程，进而实现业务需求，接下来通过 Dataset 版的 WordCount 实例演示一下 Dataset 的使用：

```
//读取数据源，转化生成 Dataset[String]
```

```
import sparkSession.implicits._
val data = sparkSession.read.text("src/main/resources/data.txt").as[String]
//分割单词并且对单词进行分组。
val words = data.flatMap(value => value.split("\\s+"))

//分组时，我们并没有像 RDD 版 WordCount 创建出一个（key，value）键值对，因为 DataSet 是工作
在行级别的抽象，每个元素将被看作是带有多列的行数据，而且都可以看作是 groupByKey 操作的 key
val groupedWords = words.groupByKey(_.toLowerCase)
//计数
val counts = groupedWords.count()
//打印结果
counts.show()
```

4.2.7　将 RDDs 转化为 DataFrame

　　除了调用 SparkSesion.read().json/csv/orc/parquet/jdbc 方法从各种外部结构化数据源创建 DataFrame 对象外，Spark SQL 还支持将已有的 RDD 转化为 DataFrame 对象，但是需要注意的是，并不是由任意类型对象组成的 RDD 均可转化为 DataFrame 对象，只有当组成 RDD[T]的每一个 T 对象内部具有公有且鲜明的字段结构时，才能隐式或显式地总结出创建 DataFrame 对象所必要的结构信息（Schema）进行转化，进而在 DataFrame 上调用 RDD 所不具备的强大丰富的 API，或执行简洁的 SQL 查询。

　　Spark SQL 支持将现有 RDDs 转换为 DataFrame 的两种不同方法，其实也就是隐式推断或者显式指定 DataFrame 对象的 Schema。

1. 使用反射机制（Reflection）推理出 schema（结构信息）

　　第一种将 RDDs 转化为 DataFrame 的方法是使用 Spark SQL 内部反射机制来自动推断包含特定类型对象的 RDD 的 schema（RDD 的结构信息）进行隐式转化。采用这种方式转化为 DataFrame 对象，往往是因为被转化的 RDD[T]所包含的 T 对象本身就是具有典型一维表严格的字段结构的对象，因此 Spark SQL 很容易就可以自动推断出合理的 Schema。这种基于反射机制隐式地创建 DataFrame 的方法往往仅需更简洁的代码即可完成转化，并且运行效果良好。

　　Spark SQL 的 Scala 接口支持自动将包含样例类（case class）对象的 RDD 转换为 DataFrame 对象。 在样例类的声明中已预先定义了表的结构信息，内部通过反射机制即可读取样例类的参数的名称、类型，转化为 DataFrame 对象的 Schema。样例类不仅可以包含 Int、Double、String 这样的简单数据类型，也可以嵌套或包含复杂类型，例如 Seq 或 Arrays。

　　以下是将包含 Person 样例类对象的 RDD 隐式转化为 DataFrame 对象的示例：

```
//声明 Person 样例类，Person 类对象用于装载 name、age 这两个不可变数据
case class Person(name: String, age: Long)
// 需要注意的是，若需将 RDDs 隐式转化为 DataFrames 必须在程序中引入 spark.implicits._
import spark.implicits._
// 调用 SparkContext 的 textFile（）方法读取 people.txt 内容并并对每行内容进行分割转化为包含 Person 对象的 RDD
```

（需要注意的是，SparkContext 是 RDD 编程的主入口，在 SparkSesssion 初始化过程中，相对应的 SparkConf 对象、SparkContext 对象也会被实例化，因此可以通过 SparkSession 对象调用 sparkContetxt 的 API 来创建 RDD）

```scala
val personRDD = sparkSession.sparkContext
  .textFile("examples/src/main/resources/people.txt")
  .map(_.split(","))
  .map(attributes => Person(attributes(0), attributes(1).trim.toInt))
//直接调用 RDD.toDF()方法将 personRDD 隐式转化为 DataFrame
val peopleDF = personRDD.toDF()
// 将 peopleDF 注册为临时表
peopleDF.createOrReplaceTempView("people")
// 可像之前一样便利地直接调用 Spark SQL 的 SQL 接口
val teenagersDF = sparkSession.sql("SELECT name, age FROM people WHERE age BETWEEN 13 AND 19")
// 如前所述，DataFrame 其实就是由 Row 对象组成的 DataSet 对象，因此调用 DataFrame 的 map、
filter 这种遍历元素的操作时，其实每一次处理的都是一个 Row 对象，Row 对象支持通过字段的数字索引
进行访问
teenagersDF.map(teenager => "Name: " + teenager(0)).show()
// +------------+
// |       value|
// +------------+
// |Name: Justin|
// +------------+
// 也支持直接通过列名进行访问
teenagersDF.map(teenager => "Name: " + teenager.getAs[String]("name")).show()
// +------------+
// |       value|
// +------------+
// |Name: Justin|
// +------------+
```

RDD[Person]隐式转化为 DataFrame 的实质是，内部自动生成了包含着结构信息的 Person 样例类的编码器（encoder）并将该编码器用于 DataFrame 的初始化。编码器对于 DataFrame 对象意义重大，用于将 JVM 对象转换为 Spark SQL 的对象，以及将对象序列化，以便缓存和网络传输。

上例的 RDD[Person]转化过程中，因为 Person 为包含着基本数据类型的样例类，所以初始化 DataFrame 对象必需的 Encoder[Person]会被自动推断创建并隐式应用。

然而当我们的 RDD 是复杂数据类型对象组成的 RDD[T]，例如 RDD[Map[String, Any]],或者是将 DataFrame（DataSet[ROW]）转化为其他复杂类型或自定义类型的 DataSet[T]时，我们需要特定实例化出对应的 encoder[T]对象

以下是指定 mapEncoder 将 DataFrame 转化为 DataSet[Map[String, Any]]的示例：

```scala
//指定 Map[String, Any]对应的编码器对象（mapEncoder）
//注意 implicit 修饰词，标明 mapEncoder 在对应的 DataFrame 对象转化过程中将被隐式应用
```

```
implicit val mapEncoder = org.apache.spark.sql.Encoders.kryo[Map[String, Any]]
// 通过 Row 对象（teenager）的 getValuesMap[T] （）方法将一行的多列内容转化为对应的（字段名，字段值）组成的 map 对象
//调用 map 方法，先将每一个 Row 对象转化为了 Map[String, Any]对象。
//自动将 mapEncoder 应用于 DataSet[Map[String, Any]]的创建
teenagersDF.map(teenager => teenager.getValuesMap[Any](List("name",
"age"))).collect()
// Array(Map("name" -> "Justin", "age" -> 19))
```

若是在以上转化过程中未指定对应的 mapEncoder 会报如图 4-2 所示的错误。

```
scala> df.map(teenager => teenager.getValuesMap[Any](List("name", "age")))
<console>:29: error: Unable to find encoder for type stored in a Dataset.  Primi
tive types (Int, String, etc) and Product types (case classes) are supported by
importing spark.implicits._  Support for serializing other types will be added i
n future releases.
       df.map(teenager => teenager.getValuesMap[Any](List("name", "age")))
             ^
```

图 4-2

2. 由开发者指定 Schema

RDD 转化 DataFrame 的第二种方法是通过编程接口，允许先构建一个 schema，然后将其应用到现有的 RDD[Row]，较前一种方法由样例类或基本数据类型（Int、String）对象组成的 RDD 通过 toDF（）直接隐式转化为 DataFrame 不同，不仅需要根据需求、以及数据结构构建 Schema，而且需要将 RDD[T]转化为 Row 对象组成的 RDD（RDD[Row]），这种方法虽然代码量多一些，但也提供了更高的自由度，更加灵活。

当 case 类不能提前定义时（例如：数据集的结构信息已包含在每一行中、一个文本数据集的字段对不同用户来说需要被解析成不同的字段名），这时就可以通过以下三部完成 DataFrame 的转化：

（1）根据需求从源 RDD 转化成 RDD of rows。

（2）创建由符合在步骤 1 中创建的 RDD 中的 Rows 结构的 StructType 表示的模式。

（3）通过 SparkSession 提供的 createDataFrame 方法将模式应用于行的 RDD。

```
import org.apache.spark.sql.types._
// 创建 peopleRDD—RDD[String]
val peopleRDD =
spark.sparkContext.textFile("examples/src/main/resources/people.txt")
// 开始创建所需的 Schema
val schemaString = "name age"
// 将 schemaString 按空格分隔返回字符串数组，对字符串数组进行遍历，并对数组里的没一个字符串进一步封装成 StructField 对象，进而构成了 Array[StructField]—fields
val fields = schemaString.split(" ")
  .map(fieldName => StructField(fieldName, StringType, nullable = true))
//将 fileds 强制转换为 StructType 对象，形成了真正可用于构建 DataFrame 对象的 Schema
```

```
val schema = StructType(fields)
// 将 peopleRDD(RDD[String])转化为 RDD[Row]
val rowRDD = peopleRDD
  .map(_.split(","))
  .map(attributes => Row(attributes(0), attributes(1).trim))
// 将 schema 应用到 rowRDD 上，完成 DataFrame 的转换
val peopleDF = spark.createDataFrame(rowRDD, schema)
// peopleDF 注册为临时表
peopleDF.createOrReplaceTempView("people")
// 调用 sql 接口进行 SQL 查询
val results = sparkSession.sql("SELECT name FROM people")
//sql() 返回值依然为 DataFrame 对象，map 遍历 Row 对象时依然可以通过下表或字段名对行里面的特
定列进行访问
results.map(attributes => "Name: " + attributes(0)).show()
// +-------------+
// |        value|
// +-------------+
// |Name: Michael|
// |   Name: Andy|
// | Name: Justin|
// +-------------+
```

由此可见，将 RDDs 转化成 DataFrame/Datasets[Rows]的实质就是，赋予 RDD 内部包含特定类型对象的结构信息，使 DataFrame 掌握更丰富的结构与信息（可想象成传统数据库表的表头，表头包含各字段名称、类型等信息），如此一来，便更好地说明 DataFrame 为什么相较于 RDDs 提供更强大丰富的功能、支持 SQL 查询了。

4.2.8　用户自定义函数

除了利用 DataFrame 丰富的内置函数编程外，还可以自己编写满足特定分析需求的用户自定义函数（UDF）并加以使用，Spark SQL 中主要支持创建用户自定义无类型聚合函数和用户自定义强类型聚合函数。

1. 用户自定义无类型聚合函数

用户自定义的无类型聚合函数必须继承 UserDefinedAggregateFunction 抽象类，进而重写父类中的抽象成员变量和成员方法。其实重写父类抽象成员变量、方法的过程即是实现用户自定义函数的输入、输出规范以及计算逻辑的过程。

例如，以下是用户定义的求取平均值函数：

```
import org.apache.spark.sql.expressions.MutableAggregationBuffer
import org.apache.spark.sql.expressions.UserDefinedAggregateFunction
import org.apache.spark.sql.types._
import org.apache.spark.sql.Row
import org.apache.spark.sql.SparkSession
```

```
//用户定义的无类型聚合函数必须继承UserDefinedAggregateFunction抽象类
object MyAverage extends UserDefinedAggregateFunction {

// 聚合函数输入参数的数据类型（其实是该函数所作用的DataFrame指定列的数据类型）
  def inputSchema: StructType = StructType(StructField("inputColumn", LongType) ::
Nil)
  //聚合函数的缓冲器结构，如下，定义了用于记录累加值和累加数的字段结构
  def bufferSchema: StructType = {
    StructType(StructField("sum", LongType) :: StructField("count", LongType) ::
Nil)
  }
  //聚合函数返回值的数据类型
  def dataType: DataType = DoubleType
  //此函数是否始终在相同输入上返回相同输出
  def deterministic: Boolean = true
//初始化给定的buffer聚合缓冲器。
//buffer聚合缓冲器其本身是一个"Row"对象，因此可以调用其标准方法访问buffer内的元素，例如在
索引处检索一个值（例如，get()，getBoolean()，getLong())，也可以根据索引更新其值。需注意，
buffer内的Array、Map对象仍然是不可变的。
  def initialize(buffer: MutableAggregationBuffer): Unit = {
    buffer(0) = 0L
    buffer(1) = 0L
  }
  //update函数负责将input代表的输入数据更新到buffer聚合缓存器中，buffer缓冲器记录着累加
和 (buffer (0)) 与累加数 (buffer (1))
  def update(buffer: MutableAggregationBuffer, input: Row): Unit = {
    if (!input.isNullAt(0)) {
      buffer(0) = buffer.getLong(0) + input.getLong(0)
      buffer(1) = buffer.getLong(1) + 1
    }
  }
  //合并两个buffer聚合缓冲器 (buffer1, buffer2) 的部分累加和、累加次数，更新到buffer1主
聚合缓冲器。
//buffer1为主聚合缓冲器，其代表着各个节点得到的部分结果经聚合后得到的最终结果，而buffer2代
表着各个分布式任务执行节点的部分执行结果buffer2，因此merge()的重写实质上是实现buffer1与
多个buffer2的合并逻辑
  def merge(buffer1: MutableAggregationBuffer, buffer2: Row): Unit = {
    buffer1(0) = buffer1.getLong(0) + buffer2.getLong(0)
    buffer1(1) = buffer1.getLong(1) + buffer2.getLong(1)
  }
//计算最终结果
  def evaluate(buffer: Row): Double = buffer.getLong(0).toDouble /
buffer.getLong(1)}
//需要特别注意的是，若是想在sql语句中使用用户自定义函数，必须先将函数进行注册
spark.udf.register("myAverage", MyAverage)
```

```
val df = spark.read.json("examples/src/main/resources/employees.json")
df.createOrReplaceTempView("employees")
df.show()
// +-------+------+
// |   name|salary|
// +-------+------+
// |Michael|  3000|
// |   Andy|  4500|
// | Justin|  3500|
// |  Berta|  4000|
// +-------+------+
val result = spark.sql("SELECT myAverage(salary) as average_salary FROM employees")
result.show()
// +--------------+
// |average_salary|
// +--------------+
// |        3750.0|
// +--------------+
```

2. 用户自定义强类型聚合函数

用户自定义强类型聚合函数需继承 Aggregator 抽象类，同样需要重写父类抽象方法（reduce、merge、finish）以实现自定义聚合函数的计算逻辑。用户定义的**强类**型聚合函数相比于前一种 UDF，内部与特定数据集的数据类型紧密结合，增强了紧密性、安全性，但降低了适用性。

如下代码是用户定义的求取平均值的强类型聚合函数：

```
import org.apache.spark.sql.expressions.Aggregator
import org.apache.spark.sql.Encoder
import org.apache.spark.sql.Encoders
import org.apache.spark.sql.SparkSession
//定义 Employee 样例类规范聚合函数输入数据的数据类型
case class Employee(name: String, salary: Long)
//定义 Average 样例类规范 buffer 聚合缓冲器的数据类型
case class Average(var sum: Long, var count: Long)
//用户定义的强类型聚合函数必须继承 Aggregator 抽象类，注意需传入聚合函数输入数据、buffer 缓冲
器以及返回结果的泛型参数
object MyAverage extends Aggregator[Employee, Average, Double] {
 //定义聚合的零值，应满足任何 b + zero = b
  def zero: Average = Average(0L, 0L)
  //定义作为 Average 对象的 buffer 聚合缓冲器如何处理每一条输入数据（Employee 对象）的聚合逻
辑。与上例的求取平均值的无类型聚合函数的 update 方法一样，每一次调用 reduce 都会更新 buffer 聚
合缓冲器的值，并将更新后的 buffer 作为返回值
  def reduce(buffer: Average, employee: Employee): Average = {
    buffer.sum += employee.salary
```

```
  buffer.count += 1
  buffer
}
//与上例的求取平均值的无类型聚合函数的 merge 方法说实现的逻辑相同
def merge(b1: Average, b2: Average): Average = {
  b1.sum += b2.sum
  b1.count += b2.count
  b1
}
```

//定义输出结果的逻辑。reduction 表示 buffer 聚合缓冲器经过多次 reduce、merge 之后的最终聚合结果，仍为 Average 对象记录着所有数据的累加和、累加次数

```
def finish(reduction: Average): Double = reduction.sum.toDouble / reduction.count
//指定中间值的编码器类型
def bufferEncoder: Encoder[Average] = Encoders.product
//指定最终输出值的编码器类型
def outputEncoder: Encoder[Double] = Encoders.scalaDouble}
val ds =
spark.read.json("examples/src/main/resources/employees.json").as[Employee]
ds.show()
// +-------+------+
// |   name|salary|
// +-------+------+
// |Michael|  3000|
// |   Andy|  4500|
// | Justin|  3500|
// |  Berta|  4000|
// +-------+------+
//将函数转换为"TypedColumn"，并给它一个名称
val averageSalary = MyAverage.toColumn.name("average_salary")
val result = ds.select(averageSalary)result.show()
// +--------------+
// |average_salary|
// +--------------+
// |        3750.0|
// +--------------+
```

第 5 章
Spark SQL的DataFrame
操作大全

通过对前一章 Spark SQL 编程入门这样的基础内容的学习，我们逐渐地了解了作为 Spark 四大高级模块之一的 Spark SQL 以及利用 Spark SQL 编程需掌握的基本概念和基本步骤。

基本步骤总结起来就是：Spark 程序中利用 SparkSession 对象提供的读取相关数据源的方法读取来自不同数据源的结构化数据，转化为 DataFrame，当然也可以将现成 RDDs 转化为 DataFrame，在转化为 DataFrame 的过程中，需自识别或指定 DataFrame 的 Schema，之后可以直接通过 DataFrame 的 API 进行数据分析，当然也可以直接将 DataFrame 注册为 table，直接利用 Sparksession 提供的 sql 方法在已注册的表上进行 SQL 查询，DataFrame 在转化为临时视图时需根据实际情况选择是否转化为全局临时表

在接下来的 Spark SQL 编程进阶，我们开始深入对 DataFrame 丰富强大的 API 进行研究，进而帮助读者轻松高效地组合使用 DataFrame 所提供的 API 来实现业务需求。

5.1　由 JSON 文件生成所需的 DataFrame 对象

正如上一章提到的，Spark-SQL 可以以 RDD 对象、Parquet 文件、JSON 文件、Hive 表，以及通过 JDBC 连接到其他关系型数据库表作为数据源来生成 DataFrame 对象。本章将以 JSON 文件为数据源，读取其中数据生成 DataFrame 对象，进而在该 DataFrame 对象上通过各种实例操作讲解 DataFrame API 的使用，本小节将演示如何把 JSON 文件作为数据源，生成所需的 DataFrame 对象。

图 5-1 是作为数据源的 JSON 文件内容。

```
people.json
{"name":"Michael", "age":20,"sex":"男","institute":"信息学院","phone":18663930185}
{"name":"Andy", "age":21,"sex":"女","institute":"信息学院","phone":18663930186}
{"name":"Justin", "age":19,"sex":"男","institute":"信息学院","phone":18663930187}
{"name":"Aaron", "age":19,"sex":"男","institute":"信息学院","phone":18663930188}
{"name":"Abbott", "age":20,"sex":"男","institute":"信息学院","phone":18663930189}
{"name":"Abel", "age":19,"sex":"女","institute":"信息学院","phone":18663930180}
{"name":"Abner", "age":20,"sex":"男","institute":"材料学院","phone":18163930185}
{"name":"Abraham", "age":21,"sex":"女","institute":"材料学院","phone":18263930185}
{"name":"Adam", "age":19,"sex":"男","institute":"材料学院","phone":18363930185}
{"name":"Addison", "age":19,"sex":"男","institute":"材料学院","phone":18463930185}
{"name":"Barret", "age":18,"sex":"女","institute":"材料学院","phone":18563930185}
{"name":"Basil", "age":19,"sex":"女","institute":"化工学院","phone":18763930185}
{"name":"Beau", "age":20,"sex":"女","institute":"化工学院","phone":18863930185}
{"name":"Benedict", "age":20,"sex":"男","institute":"化工学院","phone":18963930185}
{"name":"Cedric", "age":19,"sex":"男","institute":"化工学院","phone":18603930185}
{"name":"Chad", "age":21,"sex":"男","institute":"化工学院","phone":18613930185}
{"name":"Chapman", "age":22,"sex":"女","institute":"化工学院","phone":18623930185}
{"name":"Clement", "age":19,"sex":"男","institute":"化工学院","phone":18643930185}
{"name":"Dempsey", "age":19,"sex":"女","institute":"医学院","phone":18665930185}
{"name":"Dennis", "age":20,"sex":"女","institute":"医学院","phone":18666930185}
{"name":"Derrick", "age":19,"sex":"男","institute":"医学院","phone":18673930185}
{"name":"Donald", "age":21,"sex":"男","institute":"医学院","phone":18683930185}
{"name":"Duke", "age":21,"sex":"男","institute":"医学院","phone":18693930185}
{"name":"Eugene", "age":19,"sex":"女","institute":"医学院","phone":18663930115}
{"name":"Everley", "age":20,"sex":"女","institute":"经管学院","phone":18663930125}
{"name":"Fabian", "age":20,"sex":"女","institute":"经管学院","phone":18663930135}
{"name":"Ford", "age":19,"sex":"男","institute":"经管学院","phone":18663930145}
{"name":"Gene", "age":20,"sex":"男","institute":"经管学院","phone":18663930155}
{"name":"Geoff", "age":20,"sex":"男","institute":"经管学院","phone":18663930165}
{"name":"Gilbert", "age":19,"sex":"男","institute":"经管学院","phone":18663930175}
```

图 5-1

JSON 文件内容简介：

正如大家所见，该 JSON 数据源其实是一张典型的结构化学生表，包括了 name、age、sex、institude(学院)以及 phone_num 等常见学生信息，但值得注意的是，该文件内容中并不含有像 SQL 文件那样介绍数据库表各个字段的表头(schema)，如图 5-2 所示，而是如上文所述由 Spark 根据表字段类型及长度推断所得，也正由此见证了 Spark 的强大。

```
create table tbl_student(

stuid varchar(20) not null,

name varchar(20)not null,

rdate date,

gender varchar(2),

institute varchar(20),

major varchar(20),

clazz varchar(10),

politics varchar(8),

nationality varchar(10),

phone varchar(20),

homeaddress varchar(100),

mail varchar(50),

phote blob,

parent varchar(100),

remark varchar(200) default '暂无',
```

图 5-2

在 spark-shell 中，读取 json 文件并转化为 DataFrame 对象：

```
import org.apache.spark.sql.Row
import org.apache.spark.sql.types._
import spark.implicits._
//读取 Json 数据源
val df = spark.read.json("file:///opt/people.json")
```

结果如图 5-3 所示。

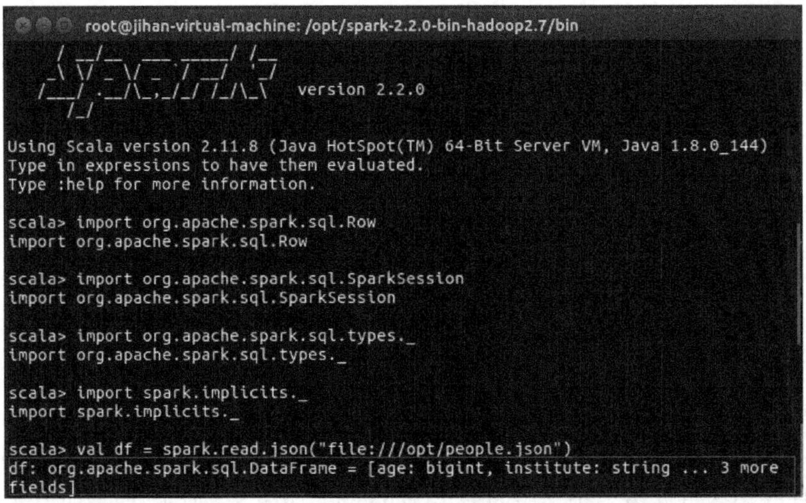

图 5-3

5.2 DataFrame 上的行动操作

通过第 3 章（RDD 编程基础）的学习，我们了解到，RDD 的操作分为两大类，转化操作和行动操作，其中转化操作实际上是逻辑分析过程的实现，但是由于惰性计算的原因，只有当行动操作出现时，才会触发真正的计算。

同样地，DataFrame 提供的 API 也可以采用此种分类方法，有实现逻辑的转化操作，如 select、where、orderBy、groupBy 等负责指定结果列、过滤、排序、分组的方法，和负责触发计算、回收结果的行动操作。需要注意的是，无论是直接使用 sql()方法查询 DataFrame 注册后的表还是像本章通过在 DataFrame 对象上调用其提供的转化操作 API 组合出来类似的 sql 表达都会交由 Spark SQL 的解析、优化引擎——Catalyst 进行解析优化（Catalyst 详解见 9.7 节 CataLyst 简介），这样的底层自带优化功能的设计带给了 Spark SQL 模块使用者极大的便利，即使我们编写的 SQL 语句或者是在 DataFrame 对象上调用其提供的转化操作 API 组合出来类似的 sql 表达不够高效也可以不必担心了

这一节，我们主要来学习 DataFrame 上引发计算，返回结果的行动操作。

1. show：展示数据

以表格的形式在输出中展示 DF（DataFrame）中的数据，类似于 select * from table_name 的功能。

show 方法主要有四种调用方式，如图 5-4 所示。

def **show**(numRows: Int, truncate: Boolean): Unit Displays the Dataset in a tabular form.
def **show**(truncate: Boolean): Unit Displays the top 20 rows of Dataset in a tabular form.
def **show**(): Unit Displays the top 20 rows of Dataset in a tabular form.
def **show**(numRows: Int): Unit Displays the Dataset in a tabular form.

图 5-4

如图所示，在以上四个 show() 方法中，关键的不同在于 show() 方法内的 numRows 和 truncate 参数设定。

NumRows：即为要展示出的行数，默认为 20 行。

Truncate：只有两个取值 true、false，表示一个字段是否最多显示 20 个字符，默认为 true。

（1）show

只显示前 20 条记录。

示例：

```
df.show()
```

结果如图 5-5 所示。

```
root@jihan-virtual-machine: /opt/spark-2.2.0-bin-hadoop2.7/bin
df: org.apache.spark.sql.DataFrame = [age: bigint, institute: string ... 3 more
fields]

scala> df.show()
+---+---------+--------+-----------+---+
|age|institute|    name|      phone|sex|
+---+---------+--------+-----------+---+
| 20|     信息学院| Michael|18663930185|  男|
| 21|     信息学院|    Andy|18663930186|  女|
| 19|     信息学院|  Justin|18663930187|  男|
| 19|     信息学院|   Aaron|18663930188|  男|
| 20|     信息学院|  Abbott|18663930189|  男|
| 19|     信息学院|    Abel|18663930180|  女|
| 20|     材料学院|   Abner|18163930185|  男|
| 21|     材料学院| Abraham|18263930185|  女|
| 19|     材料学院|    Adam|18363930185|  男|
| 19|     材料学院| Addison|18463930185|  男|
| 18|     材料学院|  Barret|18563930185|  女|
| 19|     化工学院|   Basil|18763930185|  女|
| 20|     化工学院|    Beau|18863930185|  女|
| 20|     化工学院|Benedict|18963930185|  男|
| 19|     化工学院|  Cedric|18603930185|  男|
| 21|     化工学院|    Chad|18613930185|  男|
| 22|     化工学院| Chapman|18623930185|  女|
| 19|     化工学院| Clement|18643930185|  男|
| 19|      医学院| Dempsey|18665930185|  女|
| 20|      医学院|  Dennis|18666930185|  女|
+---+---------+--------+-----------+---+
only showing top 20 rows

scala>
```

图 5-5

可以看到在未设置 numRows 时，只输出了前 20 行。

（2）show(numRows: Int)

显示前 numRows 条记录。

示例：输出前 30 条数据。

```
df.show(30)
```

结果如图 5-6 所示。

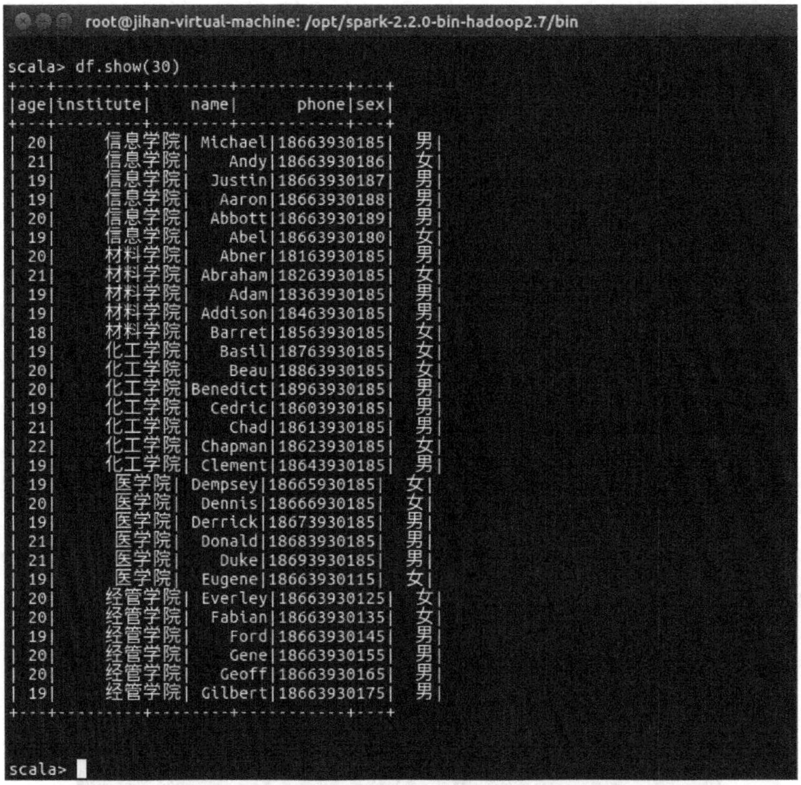

```
root@jihan-virtual-machine: /opt/spark-2.2.0-bin-hadoop2.7/bin

scala> df.show(30)
+---+---------+--------+-----------+---+
|age|institute|    name|      phone|sex|
+---+---------+--------+-----------+---+
| 20|     信息学院| Michael|18663930185|  男|
| 21|     信息学院|    Andy|18663930186|  女|
| 19|     信息学院|  Justin|18663930187|  男|
| 19|     信息学院|   Aaron|18663930188|  男|
| 20|     信息学院|  Abbott|18663930189|  男|
| 19|     信息学院|    Abel|18663930180|  女|
| 20|     材料学院|   Abner|18163930185|  男|
| 21|     材料学院| Abraham|18263930185|  女|
| 19|     材料学院|    Adam|18363930185|  男|
| 19|     材料学院| Addison|18463930185|  男|
| 18|     材料学院|  Barret|18563930185|  女|
| 19|     化工学院|   Basil|18763930185|  女|
| 20|     化工学院|    Beau|18863930185|  女|
| 20|     化工学院|Benedict|18963930185|  男|
| 19|     化工学院|  Cedric|18603930185|  男|
| 21|     化工学院|    Chad|18613930185|  男|
| 22|     化工学院| Chapman|18623930185|  女|
| 19|     化工学院| Clement|18643930185|  男|
| 19|      医学院| Dempsey|18665930185|  女|
| 20|      医学院|  Dennis|18666930185|  女|
| 19|      医学院| Derrick|18673930185|  男|
| 21|      医学院|  Donald|18683930185|  男|
| 21|      医学院|    Duke|18693930185|  男|
| 19|      医学院|  Eugene|18663930115|  女|
| 20|     经管学院| Everley|18663930125|  女|
| 20|     经管学院|  Fabian|18663930135|  女|
| 19|     经管学院|    Ford|18663930145|  男|
| 20|     经管学院|    Gene|18663930155|  男|
| 20|     经管学院|   Geoff|18663930165|  男|
| 19|     经管学院| Gilbert|18663930175|  男|
+---+---------+--------+-----------+---+

scala>
```

图 5-6

（3）show(truncate: Boolean)

是否最多只显示 20 个字符，默认为 true。

示例：

```
df.show(true)
df.show(false)
```

结果如图 5-7、图 5-8 所示。

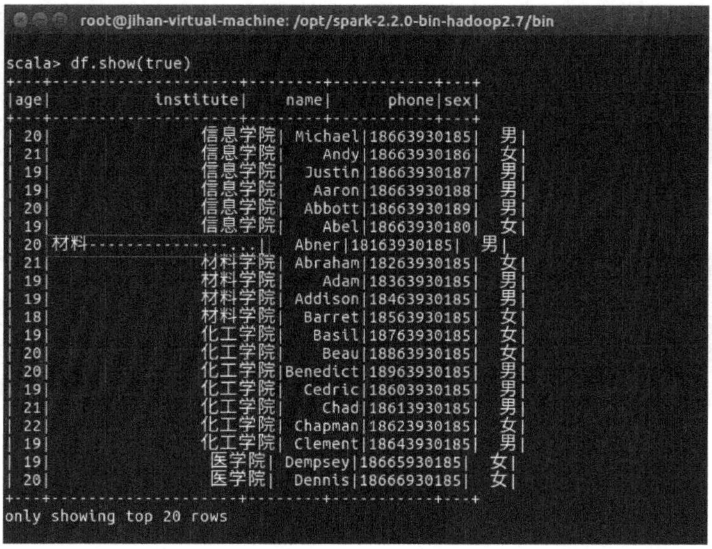

图 5-7

图 5-8

（4）show(numRows: Int, truncate: Boolean)

综合前面的显示记录条数，以及对过长字符串的显示格式。

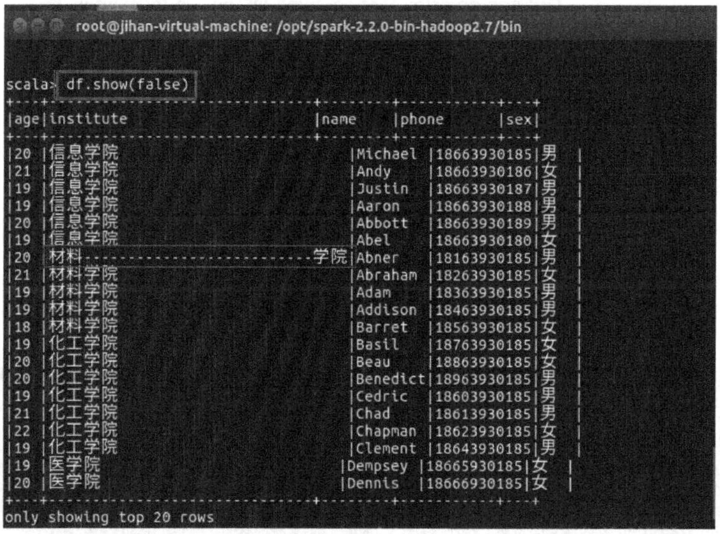

示例：

```
df.show(10, false)
```

结果如图 5-9 所示。

图 5-9

2. collect：获取所有数据到数组（如图 5-10 所示）

图 5-10

不同于前面的 show 方法，这里的 collect 方法会将 DF 中的所有数据都获取到，并返回一个 Array 对象。

```
df.collect()
```

结果如图 5-11 所示，数组中包含了 DF 的每一条记录，每一条记录由一个 org.apache.spark.sql.Row 对象来表示，来存储字段值。

图 5-11

3. collectAsList：获取所有数据到 List

功能和 collect 类似，只不过将返回结构变成了 List 对象，不再是 Array。
使用方法如下：

```
df.collectAsList()
```

结果如图 5-12 所示。

图 5-12

注意：

collect()和 collectAsList()方法，用来从 DataFrame 中获取整个数据集。

如果当你的程序将原始的 DataFrame（数据量很大）中的数据进行层层处理筛选，得到了包含着最终结果的 DataFrame（数据量小）并且希望从 DataFrame 以 Array、List 取出结果并进行下一步处理时，可以使用它。

因为这两个方法是将集群中的目标变量的所有数据取回到一个结点当中，所以当你的单台结点的内存不足以放下 DataFrame 中包含的数据时就会出错。因此，collec()、collectAsList()不适用于特别大规模的数据集。

4. describe(cols: String*)：获取指定字段的统计信息

这个方法可以动态的传入一个或多个 String 类型的字段名，结果仍然为 DataFrame 对象，用于统计数值类型字段的统计值。

使用方法如下：

```
df.describe("age" ).show()
```

结果如图 5-13 所示。

图 5-13

在 DataFrame 下只需调用一个 describe（）子函数，即可轻松地获得以下信息：

● Count（记录条数）
● Mean（平均值）
● Stddev（样本标准差）

89

- Min（最小值）
- Max（最大值）

进而掌握大规模结构化数据集的某字段的统计特性。

5. first、head、take、takeAsList：获取若干行记录

first、head、take、takeAsList 方法如图 5-14 所示。

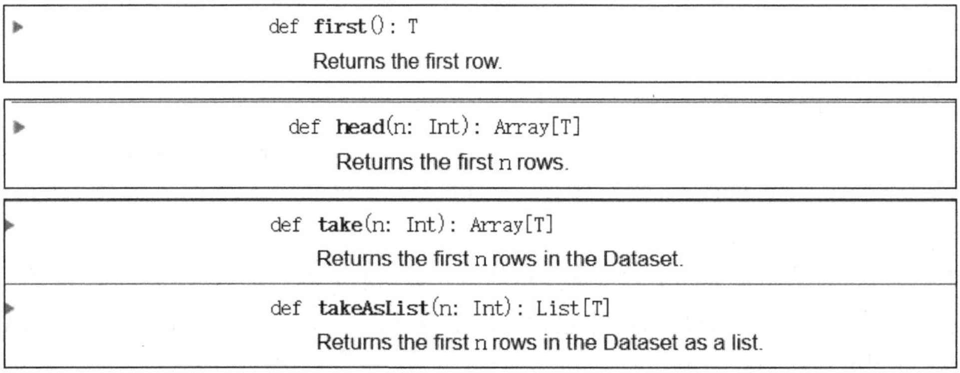

```
▶          def first(): T
              Returns the first row.

▶          def head(n: Int): Array[T]
              Returns the first n rows.

▶          def take(n: Int): Array[T]
              Returns the first n rows in the Dataset.

▶          def takeAsList(n: Int): List[T]
              Returns the first n rows in the Dataset as a list.
```

图 5-14

first、head、take、takeAsList 用来获取部分记录，与 collect、collectAsList 获取全部记录相对应。

这里列出的四个方法比较类似，其中：

（1）first 获取第一行记录。

（2）head 获取第一行记录，head(n: Int)获取前 n 行记录。

（3）take(n: Int)获取前 n 行数据。

（4）takeAsList(n: Int)获取前 n 行数据，并以 List 的形式展现。

以 Row 或者 Array[Row]的形式返回一行或多行数据。first 和 head 功能相同。

take 和 takeAsList 方法会将获得到的数据返回到 Driver 端，所以在使用这两个方法时需要注意数据量，以免 Driver 发生 OutOfMemoryError。

first、head、take、takeAsList 方法演示如图 5-15~图 5-18 所示。

```
df.first()
```

```
scala> df.first()
res8: org.apache.spark.sql.Row = [20,信息学院,Michael,18663930185,男]
```

图 5-15

可见，first()返回的是一个表示一行的 Row 对象。

```
df.head()
```

```
df.head(10)
```

```
scala> df.head()
res9: org.apache.spark.sql.Row = [20,信息学院,Michael,18663930185,男]

scala> df.head(20)
res10: Array[org.apache.spark.sql.Row] = Array([20,信息学院,Michael,18663930185,
男], [21,信息学院,Andy,18663930186,女], [19,信息学院,Justin,18663930187,男], [19,
信息学院,Aaron,18663930188,男], [19,信息学院,Abbott,18663930189,男], [19,信息学
院,Abel,18663930180,女], [20,材料------------------------学院,Abner,1816393018
5,男], [21,材料学院,Abraham,18263930185,女], [19,材料学院,Adam,18363930185,男],
[19,材料学院,Addison,18463930185,男], [18,材料学院,Barret,18563930185,女], [19,
化工学院,Basil,18763930185,女], [20,化工学院,Beau,18863930185,女], [20,化工学院,
Benedict,18963930185,男], [19,化工学院,Cedric,18603930185,男], [21,化工学院,Chad
,18613930185,男], [22,化工学院,Chapman,18623930185,女], [19,化工学院,Clement,186
43930185,男], [19,医学院,Dempsey,18665930185,女], [20,医学院,Dennis,18666930185,
女])
```

图 5-16

可见，head()返回的是一个表示一行的 Row 对象，而 head(20)返回的却是 Array[Row]。

```
df.take(20)
```

```
scala> df.take(20)
res11: Array[org.apache.spark.sql.Row] = Array([20,信息学院,Michael,18663930185,
男], [21,信息学院,Andy,18663930186,女], [19,信息学院,Justin,18663930187,男], [19,
信息学院,Aaron,18663930188,男], [19,信息学院,Abbott,18663930189,男], [19,信息学
院,Abel,18663930180,女], [20,材料------------------------学院,Abner,1816393018
5,男], [21,材料学院,Abraham,18263930185,女], [19,材料学院,Adam,18363930185,男],
[19,材料学院,Addison,18463930185,男], [18,材料学院,Barret,18563930185,女], [19,
化工学院,Basil,18763930185,女], [20,化工学院,Beau,18863930185,女], [20,化工学院,
Benedict,18963930185,男], [19,化工学院,Cedric,18603930185,男], [21,化工学院,Chad
,18613930185,男], [22,化工学院,Chapman,18623930185,女], [19,化工学院,Clement,186
43930185,男], [19,医学院,Dempsey,18665930185,女], [20,医学院,Dennis,18666930185,
女])
```

图 5-17

take(20)返回的是 Array[Row]。

```
df.takeAsList(20)
```

```
scala> df.takeAsList(20)
res13: java.util.List[org.apache.spark.sql.Row] = [[20,信息学院,Michael,18663930
185,男], [21,信息学院,Andy,18663930186,女], [19,信息学院,Justin,18663930187,男],
[19,信息学院,Aaron,18663930188,男], [20,信息学院,Abbott,18663930189,男], [19,信
息学院,Abel,18663930180,女], [20,材料------------------------学院,Abner,181639
30185,男], [21,材料学院,Abraham,18263930185,女], [19,材料学院,Adam,18363930185,
男], [19,材料学院,Addison,18463930185,男], [18,材料学院,Barret,18563930185,女],
[19,化工学院,Basil,18763930185,女], [20,化工学院,Beau,18863930185,女], [20,化工
学院,Benedict,18963930185,男], [19,化工学院,Cedric,18603930185,男], [21,化工学院
,Chad,18613930185,男], [22,化工学院,Chapman,18623930185,女], [19,化工学院,Clemen
t,18643930185,男], [19,医学院,Dempsey,18665930185,女], [20,医学院,Dennis,1866693
0185,女]]
```

图 5-18

与 take(20)返回 Array[Row]不同的是 takeAsList(20)返回的是 List[Row]。

5.3　DataFrame 上的转化操作

本节主要介绍 DataFrame 所提供用以形成 SQL 表达的转化操作，如 select()、where()、

orderBy()、groupBy()、join()等方法。以下方法皆为返回 DataFrame 对象的方法，所以可以连续调用。

5.3.1　where 条件相关

如图 5-19 所示，where 方法根据参数类型及数目不同进行了同名函数重载，可以看到第一个 where(conditionExpr: String)输入更像一种传统 SQL 的 where 子句的条件整体描述，而 where(condition: Column)，该方法的输入则是要把 where 子句的对于每一个 column 的要求进行分别描述，且该种表述等效于 filter()实现的筛选，但从最终效果上来讲，这两种方法并没有什么不同，只是解析语句时，第一种方法，需要对整个 where 子句进行解析，从而得到对于每一个 column 的要求。

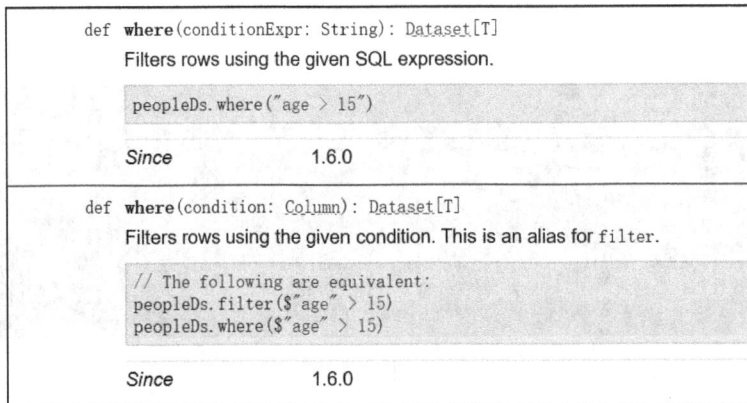

```
def where(conditionExpr: String): Dataset[T]
Filters rows using the given SQL expression.

peopleDs.where("age > 15")

Since            1.6.0
```

```
def where(condition: Column): Dataset[T]
Filters rows using the given condition. This is an alias for filter.

// The following are equivalent:
peopleDs.filter($"age" > 15)
peopleDs.where($"age" > 15)

Since            1.6.0
```

图 5-19

（1）where(conditionExpr: String)：SQL 语言中 where 关键字后的条件

传入筛选条件表达式，可以用 and 和 or，得到 DataFrame 类型的返回结果。

示例（见图 5-20~图 5-22）：

```
df.where("name = 'Michael' or age = 19" ).show()
```

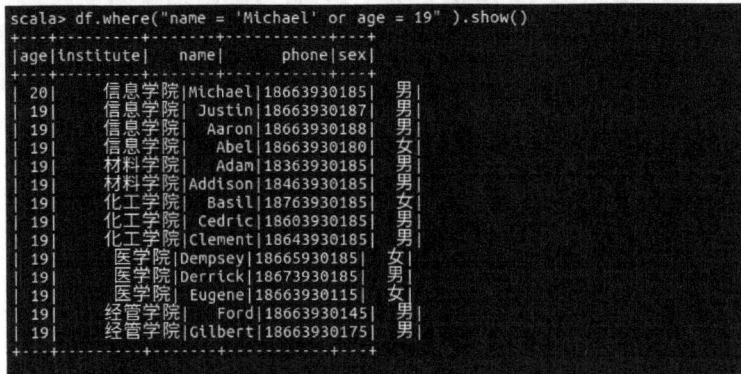

```
scala> df.where("name = 'Michael' or age = 19" ).show()
+---+---------+-------+-----------+---+
|age|institute|   name|      phone|sex|
+---+---------+-------+-----------+---+
| 20|  信息学院|Michael|18663930185| 男|
| 19|  信息学院| Justin|18663930187| 男|
| 19|  信息学院|  Aaron|18663930188| 男|
| 19|  信息学院|   Abel|18663930180| 女|
| 19|  材料学院|   Adam|18363930185| 男|
| 19|  材料学院| Addison|18463930185| 男|
| 19|  化工学院|  Basil|18763930185| 女|
| 19|  化工学院| Cedric|18603930185| 男|
| 19|  化工学院|Clement|18643930185| 男|
| 19|  医学院|Dempsey|18665930185| 女|
| 19|  医学院|Derrick|18673930185| 男|
| 19|  医学院| Eugene|18663930115| 女|
| 19|  经管学院|   Ford|18663930145| 男|
| 19|  经管学院|Gilbert|18663930175| 男|
+---+---------+-------+-----------+---+
```

图 5-20

```
df.where("name = 'Michael' and age = 20" ).show()
```

```
scala> df.where("name = 'Michael' and age = 20" ).show()
+---+---------+-------+-----------+---+
|age|institute|   name|      phone|sex|
+---+---------+-------+-----------+---+
| 20|   信息学院|Michael|18663930185| 男|
+---+---------+-------+-----------+---+
```

图 5-21

```
df.where($"age">20).show()
```

```
scala> df.where($"age">20).show()
+---+---------+-------+-----------+---+
|age|institute|   name|      phone|sex|
+---+---------+-------+-----------+---+
| 21|   信息学院|   Andy|18663930186| 女|
| 21|   材料学院|Abraham|18263930185| 女|
| 21|   化工学院|   Chad|18613930185| 男|
| 22|   化工学院|Chapman|18623930185| 女|
| 21|   医学院|  Donald|18683930185| 男|
| 21|   医学院|    Duke|18693930185| 男|
+---+---------+-------+-----------+---+
```

图 5-22

需要注意的是，在该示例中，使用$"age"提取 age 列数据作比较时，用到了隐式转换，故需在程序中引入相应包（import spark.implicits._）。

（2）filter：根据字段进行筛选

如图 5-23 所示，filter()同样具有两个同名重载函数 filter(conditionExpr: String)、filter(condition: Column)，其间区分差不多 where()情况相同，即其两者效果等效，仅为了满足程序员的不同开发习惯。

```
def filter(conditionExpr: String): Dataset[T]
Filters rows using the given SQL expression.

peopleDs.filter("age > 15")

Since          1.6.0


def filter(condition: Column): Dataset[T]
Filters rows using the given condition.

// The following are equivalent:
peopleDs.filter($"age" > 15)
peopleDs.where($"age" > 15)

Since          1.6.0
```

图 5-23

传入筛选条件表达式，得到 DataFrame 类型的返回结果，和 *where* 使用条件相同。

示例（见图 5-24~图 5-25）：

```
df.filter("name = 'Michael' or age = 20" ).show()
```

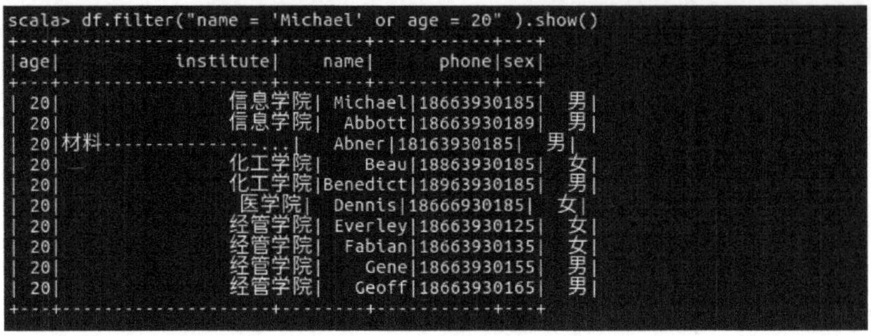

```
scala> df.filter("name = 'Michael' or age = 20" ).show()

|age|          institute|    name|       phone|sex|

| 20|           信息学院| Michael|18663930185| 男|
| 20|           信息学院|  Abbott|18663930189| 男|
| 20|材料-----------|   Abner|18163930185| 男|
| 20|           化工学院|    Beau|18863930185| 女|
| 20|           化工学院|Benedict|18963930185| 男|
| 20|             医学院|  Dennis|18666930185| 女|
| 20|           经管学院| Everley|18663930125| 女|
| 20|           经管学院|  Fabian|18663930135| 女|
| 20|           经管学院|    Gene|18663930155| 男|
| 20|           经管学院|   Geoff|18663930165| 男|
```

图 5-24

可见，与 df.where("name = 'Michael' or age = 20").show()等效。

```
df.filter($"age" > 20).show()
```

```
scala> df.filter($"age" > 20).show()

|age|institute|    name|       phone|sex|

| 21|  信息学院|   Andy|18663930186| 女|
| 21|  材料学院| Abraham|18263930185| 女|
| 21|  化工学院|    Chad|18613930185| 男|
| 22|  化工学院| Chapman|18623930185| 女|
| 21|    医学院|  Donald|18683930185| 男|
| 21|    医学院|    Duke|18693930185| 男|

scala>
```

图 5-25

5.3.2 查询指定列

（1）select：获取指定字段值（见图 5-26）

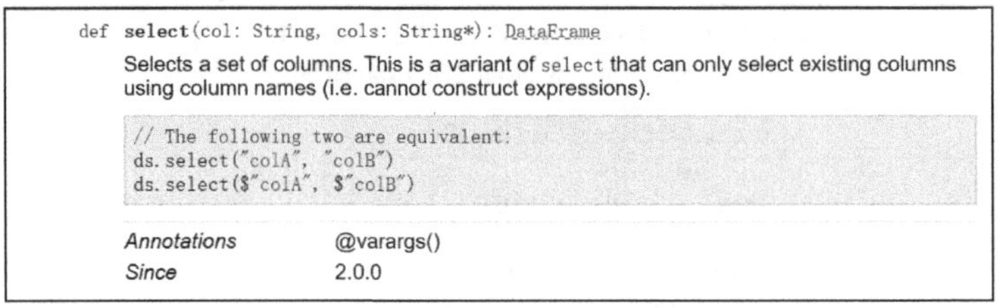

```
def select(col: String, cols: String*): DataFrame
Selects a set of columns. This is a variant of select that can only select existing columns
using column names (i.e. cannot construct expressions).

// The following two are equivalent:
ds.select("colA", "colB")
ds.select($"colA", $"colB")

Annotations        @varargs()
Since              2.0.0
```

图 5-26

根据传入的 String 类型字段名，获取指定字段的值，以 DataFrame 类型返回。

示例（见图 5-27）：

```
df.select( "name" , "age" ).show( false)
```

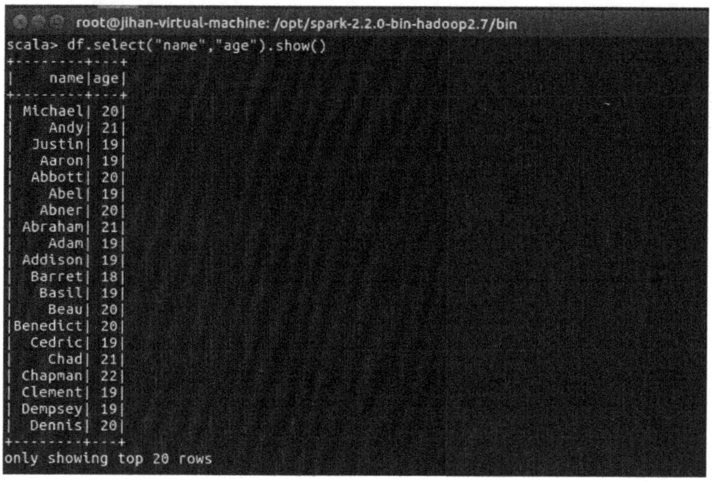

```
root@jihan-virtual-machine: /opt/spark-2.2.0-bin-hadoop2.7/bin
scala> df.select("name","age").show()
+--------+---+
|    name|age|
+--------+---+
| Michael| 20|
|    Andy| 21|
|  Justin| 19|
|   Aaron| 19|
|  Abbott| 20|
|    Abel| 19|
|   Abner| 20|
| Abraham| 21|
|    Adam| 19|
| Addison| 19|
|  Barret| 18|
|   Basil| 19|
|    Beau| 20|
|Benedict| 20|
|  Cedric| 19|
|    Chad| 21|
| Chapman| 22|
| Clement| 19|
| Dempsey| 19|
|  Dennis| 20|
+--------+---+
only showing top 20 rows
```

图 5-27

还有一个重载的 select 方法，不是传入 String 类型参数，而是传入 Column 类型参数。可以实现 select id, id+1 from test 这种逻辑。

> def **select**(cols: Column*): DataFrame
>
> Selects a set of column based expressions.
>
> `ds.select($"colA", $"colB" + 1)`
>
> *Annotations*　@varargs()
>
> *Since*　2.0.0

```
df.select(df( "name" ),df("insititude" ), df( "age") +
```

（2）show(false)（见图 5-28）

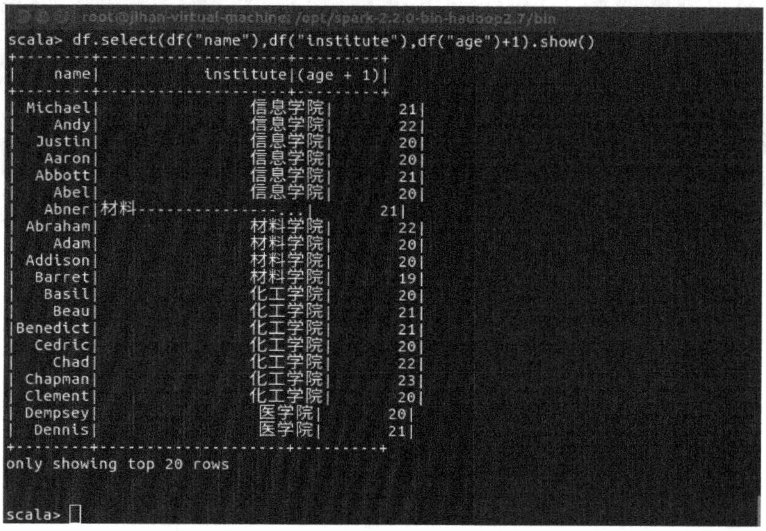

```
root@jihan-virtual-machine: /opt/spark-2.2.0-bin-hadoop2.7/bin
scala> df.select(df("name"),df("institute"),df("age")+1).show()
+--------+--------------------+---------+
|    name|           institute|(age + 1)|
+--------+--------------------+---------+
| Michael|            信息学院|       21|
|    Andy|            信息学院|       22|
|  Justin|            信息学院|       20|
|   Aaron|            信息学院|       20|
|  Abbott|            信息学院|       21|
|    Abel|            信息学院|       20|
|   Abner|材料---------------...|       21|
| Abraham|            材料学院|       22|
|    Adam|            材料学院|       20|
| Addison|            材料学院|       20|
|  Barret|            材料学院|       19|
|   Basil|            化工学院|       20|
|    Beau|            化工学院|       21|
|Benedict|            化工学院|       21|
|  Cedric|            化工学院|       20|
|    Chad|            化工学院|       22|
| Chapman|            化工学院|       23|
| Clement|            化工学院|       20|
| Dempsey|              医学院|       20|
|  Dennis|              医学院|       21|
+--------+--------------------+---------+
only showing top 20 rows

scala>
```

图 5-28

能得到 Column 类型的方法是 apply 以及 col 方法，一般用 apply 方法更简便。

（3）selectExpr：可以对指定字段进行特殊处理（见图 5-29）

```
def selectExpr(exprs: String*): DataFrame
```

Selects a set of SQL expressions. This is a variant of `select` that accepts SQL expressions.

```
// The following are equivalent:
ds.selectExpr("colA", "colB as newName", "abs(colC)")
ds.select(expr("colA"), expr("colB as newName"), expr("abs(colC)"))
```

Annotations	@varargs()
Since	2.0.0

图 5-29

可以直接对指定字段调用 UDF 函数，或者指定别名等。传入 String 类型参数，得到 DataFrame 对象。

示例：查询 id 字段，c3 字段取别名 time，c4 字段四舍五入。（见图 5-30~图 5-31）

```
Df .selectExpr("name" , "institute as 'xueyuan'" , "round(age)" ).show()
```

```
root@jihan-virtual-machine: /opt/spark-2.2.0-bin-hadoop2.7/bin
scala> df.selectExpr("name","institute as xueyuan","round(age)").show()
+--------+--------------------+-------------+
|    name|             xueyuan|round(age, 0)|
+--------+--------------------+-------------+
| Michael|                信息学院|           20|
|    Andy|                信息学院|           21|
|  Justin|                信息学院|           19|
|   Aaron|                信息学院|           19|
|  Abbott|                信息学院|           20|
|    Abel|                信息学院|           19|
|   Abner|材料-----------------...|           20|
| Abraham|                材料学院|           21|
|    Adam|                材料学院|           19|
| Addison|                材料学院|           19|
|  Barret|                材料学院|           18|
|   Basil|                化工学院|           19|
|    Beau|                化工学院|           20|
|Benedict|                化工学院|           20|
|  Cedric|                化工学院|           19|
|    Chad|                化工学院|           21|
| Chapman|                化工学院|           22|
| Clement|                化工学院|           19|
| Dempsey|                 医学院|           19|
|  Dennis|                 医学院|           20|
+--------+--------------------+-------------+
only showing top 20 rows

scala>
```

图 5-30

```
df.select(expr("name"),expr("institute as xueyuan"),expr("age")).show()
```

```
root@jihan-virtual-machine: /opt/spark-2.2.0-bin-hadoop2.7/bin
scala> df.select(expr("name"),expr("institute as xueyuan"),expr("age")).show()
+--------+--------------------+---+
|    name|             xueyuan|age|
+--------+--------------------+---+
| Michael|             信息学院| 20|
|    Andy|             信息学院| 21|
|  Justin|             信息学院| 19|
|   Aaron|             信息学院| 19|
|  Abbott|             信息学院| 20|
|    Abel|             信息学院| 19|
|   Abner|材料-----------------...| 20|
| Abraham|             材料学院| 21|
|    Adam|             材料学院| 19|
| Addison|             材料学院| 19|
|  Barret|             材料学院| 18|
|   Basil|             化工学院| 19|
|    Beau|             化工学院| 20|
|Benedict|             化工学院| 20|
|  Cedric|             化工学院| 19|
|    Chad|             化工学院| 21|
| Chapman|             化工学院| 22|
| Clement|             化工学院| 19|
| Dempsey|               医学院| 19|
|  Dennis|               医学院| 20|
+--------+--------------------+---+
only showing top 20 rows

scala>
```

图 5-31

```
ds.selectExpr("colA", "colB as newName", "abs(colC)")
ds.select(expr("colA"), expr("colB as newName"), expr("abs(colC)"))
```

可以看出，以上两种方法是等效的，使用时根据程序员编程习惯而定。

（4）col：获取指定字段（见图 5-32、图 5-33）

def **col**(colName: String): Column Selects column based on the column name and return it as a Column.

图 5-32

只能获取一个字段，返回对象为 Column 类型。

```
val  nameCol = df.col("name")
```

```
scala> val nameCol = df.col("name")
nameCol: org.apache.spark.sql.Column = name
```

图 5-33

（5）apply：获取指定列（见图 5-34）

def **apply**(colName: String): Column Selects column based on the column name and return it as a Column.
def **col**(colName: String): Column Selects column based on the column name and return it as a Column.

图 5-34

由图 5-34 可见，apply()与 col()参数类型、个数以及返回值类型均相同，只能获取某一列，返回对象为 Column 类型。

示例（见图 5-35）：

```
val ageCol1 = df.apply("age")
val ageCol2 = df("age")
```

```
scala> val ageCol1 = df.apply("age")
ageCol1: org.apache.spark.sql.Column = age

scala> val ageCol2 = df("age")
ageCol2: org.apache.spark.sql.Column = age
```

图 5-35

上述两种获取 column 的方法等效，返回的皆为对应 Column。

（6）drop：去除指定字段，保留其他字段（见图 5-36）

> def **drop**(colName: String): DataFrame
>
> Returns a new Dataset with a column dropped.

> def **drop**(col: Column): DataFrame
>
> Returns a new Dataset with a column dropped.

图 5-36

以上两种 drop 重载函数，不同在于，前者输入参数是描述列名称的 String，而后者传入的是 Column 类型的列。

返回一个新的 DataFrame 对象，其中不包含去除的字段，一次只能去除一个字段。

示例（见图 5-37~图 5-38）：

```
df.drop("id")
df.drop(df("id"))
```

```
root@jihan-virtual-machine: /opt/spark-2.2.0-bin-hadoop2.7/bin
 fields]

scala> df2.show()
+---+--------------------+--------+-----------+---+
|age|           institute|    name|      phone|sex|
+---+--------------------+--------+-----------+---+
| 20|            信息学院| Michael|18663930185|  男|
| 21|            信息学院|    Andy|18663930186|  女|
| 19|            信息学院|  Justin|18663930187|  男|
| 19|            信息学院|   Aaron|18663930188|  男|
| 20|            信息学院|  Abbott|18663930189|  男|
| 19|            信息学院|    Abel|18663930180|  女|
| 20|材料...............|   Abner|18163930185|  男|
| 21|            材料学院| Abraham|18263930185|  女|
| 19|            材料学院|    Adam|18363930185|  男|
| 19|            材料学院| Addison|18463930185|  男|
| 18|            材料学院|  Barret|18563930185|  女|
| 19|            化工学院|   Basil|18763930185|  女|
| 20|            化工学院|    Beau|18863930185|  女|
| 20|            化工学院|Benedict|18963930185|  男|
| 19|            化工学院|  Cedric|18603930185|  男|
| 21|            化工学院|    Chad|18613930185|  男|
| 22|            化工学院| Chapman|18623930185|  女|
| 19|            化工学院| Clement|18643930185|  男|
| 19|              医学院| Dempsey|18665930185|  女|
| 20|              医学院|  Dennis|18666930185|  女|
+---+--------------------+--------+-----------+---+
only showing top 20 rows
```

图 5-37

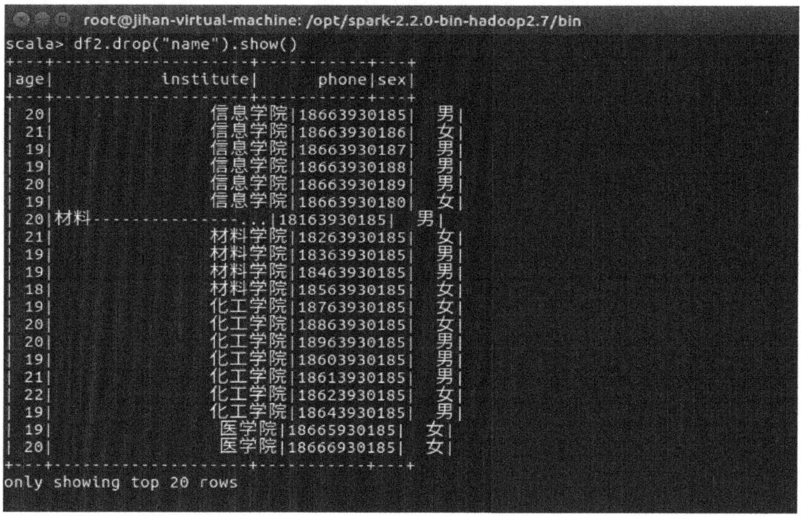

图 5-38

drop() 传入 Column 类型的列，如图 5-39 所示。

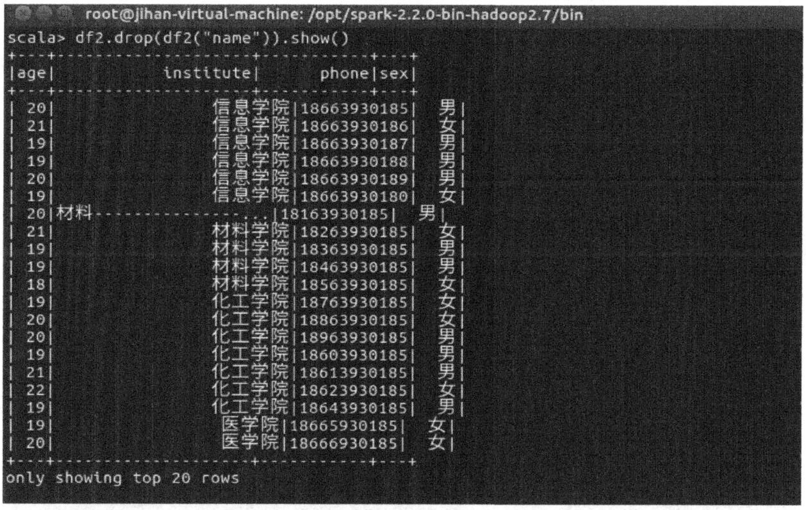

图 5-39

5.3.3　思维开拓：Column 的巧妙应用

经过上一小节的学习，可以看出，col()、apply()、drop()均是对 DataFrame 的某一列进行操作，以下通过一个生活中常见的小应用来看看 Column 操作的灵活巧妙之处。

1. 实例描述

国家体质健康网最近已经统计得到了一张记录着全国学生身高体重以及相关体质信息的数据表（近千万条数据），然而如此居大的数据量，已远远超出某台计算机的计算、存储能力，因此，我们采用在 Spark 集群之上，采用 Spark SQL 快速处理结构化数据集，进而利用数百台 Spark 处理节点在十分钟之内快速准确地得到目标结果详细统计表结构如图 5-40 所示。

```
scala> phyReport.select("name","height","weight","phone").show()
+--------+------+------+-----------+
|    name|height|weight|      phone|
+--------+------+------+-----------+
| Michael|   180|   140|18663930185|
|    Andy|   180|   200|18663930186|
|  Justin|   170|   140|18663930187|
|   Aaron|   170|   140|18663930188|
|  Abbott|   170|    90|18663930189|
|    Abel|   170|    90|18663930180|
|   Abner|   170|   140|18163930185|
| Abraham|   170|    91|18263930185|
|    Adam|   170|   120|18363930185|
| Addison|   170|   110|18463930185|
|  Barret|   170|    80|18563930185|
|   Basil|   170|   160|18763930185|
|    Beau|   170|   170|18863930185|
|Benedict|   170|   120|18963930185|
|  Cedric|   170|   130|18603930185|
+--------+------+------+-----------+
```

图 5-40

已知信息是每个人的身高、体重，如何较为科学地并且简单地评价一个人的身体状况呢？

身高体重指数（BMI）是体脂指标，它是基于身高体重进行计算，可以反映出体重是否偏轻、正常、偏重、肥胖，它有助于评估体脂增加可能诱发疾病的风险。

因此，本示例的需求，即是将在录学生的身高体重做除法，进而根据所得值判断每一位学生体重是否偏轻、正常、偏重、肥胖，进而查询其联系电话，每个月定时向体质偏轻、偏胖、肥胖的用户发送短信，给出提醒建议，进而促进全国大学生的身体健康。

2. 模拟实现

（1）首先从原始数据表（phyReport)取出学生体重身高关键信息，得到 phyInfo 表，如图 5-41、图 5-42 所示。

```
scala> val phyInfo = phyReport.select("name","height","weight","phone")
phyInfo: org.apache.spark.sql.DataFrame = [name: string, height: bigint ... 2 more fields]
```

图 5-41

```
scala> phyInfo.show()
+--------+------+------+-----------+
|    name|height|weight|      phone|
+--------+------+------+-----------+
| Michael|   180|   140|18663930185|
|    Andy|   180|   200|18663930186|
|  Justin|   170|   140|18663930187|
|   Aaron|   170|   140|18663930188|
|  Abbott|   170|    90|18663930189|
|    Abel|   170|    90|18663930180|
|   Abner|   170|   140|18163930185|
| Abraham|   170|    91|18263930185|
|    Adam|   170|   120|18363930185|
| Addison|   170|   110|18463930185|
|  Barret|   170|    80|18563930185|
|   Basil|   170|   160|18763930185|
|    Beau|   170|   170|18863930185|
|Benedict|   170|   120|18963930185|
|  Cedric|   170|   130|18603930185|
+--------+------+------+-----------+
```

图 5-42

（2）对 phyInfo 表的两列 height、weight 做除法，得到所有人体质指数，并抽取相关联系信息列，得到（bmiInfo）身高体重指数信息表，如图 5-43、图 5-44 所示。

```
val BMIInfo =
phyInfo.select(phyInfo("name"),(phyInfo("height")/phyInfo("weight")).as("bmi")
,phyInfo("phone")).show()
```

```
root@jihan-virtual-machine: /opt/spark-2.2.0-bin-hadoop2.7/bin
                ^

scala> phyInfo.select(phyInfo("name"),phyInfo("height")/phyInfo("weight"),phyInf
o("phone")).show()
+--------+------------------+-----------+
|    name| (height / weight)|      phone|
+--------+------------------+-----------+
| Michael|1.2857142857142858|18663930185|
|    Andy|               0.9|18663930186|
|  Justin|1.2142857142857142|18663930187|
|   Aaron|1.2142857142857142|18663930188|
|  Abbott|1.8888888888888888|18663930189|
|    Abel|1.8888888888888888|18663930180|
|   Abner|1.2142857142857142|18163930185|
| Abraham|1.8681318681318682|18263930185|
|    Adam|1.4166666666666667|18363930185|
| Addison|1.5454545454545454|18463930185|
|  Barret|             2.125|18563930185|
|   Basil|            1.0625|18763930185|
|    Beau|               1.0|18863930185|
|Benedict|1.4166666666666667|18963930185|
|  Cedric|1.3076923076923077|18603930185|
+--------+------------------+-----------+
```

图 5-43

```
scala> val bmiInfo = phyInfo.select(phyInfo("name"),phyInfo("height")/phyInfo("w
eight"),phyInfo("phone"))
bmiInfo: org.apache.spark.sql.DataFrame = [name: string, (height / weight): doub
le ... 1 more field]
```

图 5-44

（3）对身高体重指标表中不合格学生进行筛选，如图 5-45 所示。

```
BMIInfo.where("bmi > 1.5 or bmi < 1.0").show()
```

```
scala> BMIInfo.where("bmi > 1.5 or bmi < 1.0").show()
+-------+------------------+-----------+
|   name|               bmi|      phone|
+-------+------------------+-----------+
|   Andy|               0.9|18663930186|
| Abbott|1.8888888888888888|18663930189|
|   Abel|1.8888888888888888|18663930180|
|Abraham|1.8681318681318682|18263930185|
|Addison|1.5454545454545454|18463930185|
| Barret|             2.125|18563930185|
+-------+------------------+-----------+
```

图 5-45

（4）系统每月根据电话号码对该部分学生进行身体健康建议推送短信（见图 5-46、图 5-47）。

总结：coloum 还可以进行许多其他运算，详细内容可见官方文档。

```
http://spark.apache.org/docs/latest/api/scala/index.html#org.apache.spark.sql.
Column
```

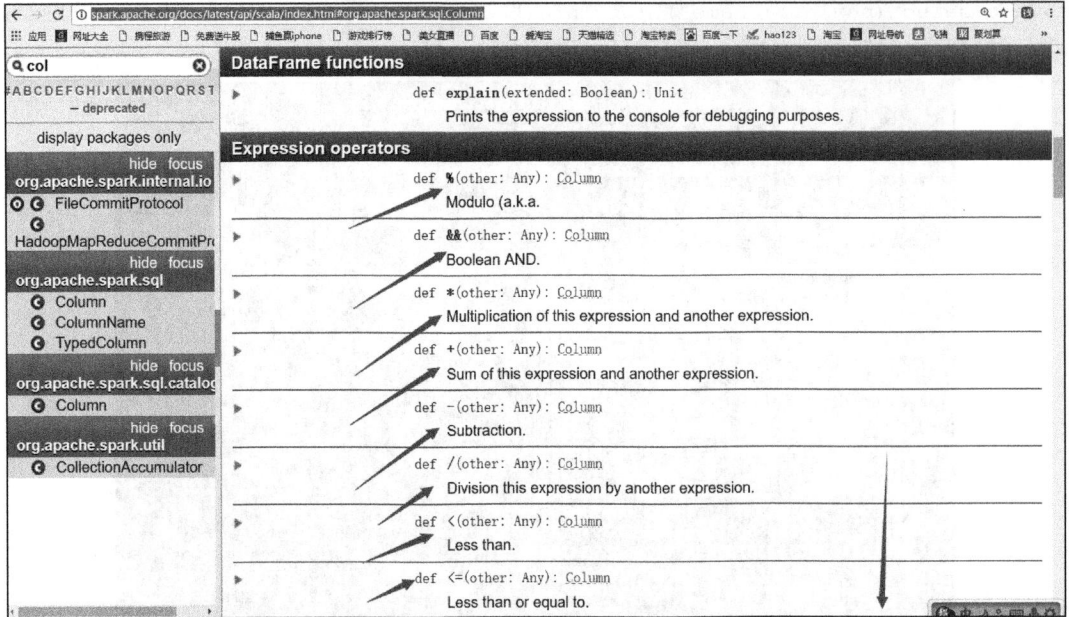

图 5-46

5.3.4 limit 操作

limit 方法获取指定 DataFrame 的前 n 行记录，得到一个新的 DataFrame 对象，如图 5-47 所示。

```
def limit(n: Int): Dataset[T]
Returns a new Dataset by taking the first n rows.
```

图 5-47

和 take 与 head 不同的是，limit 方法不是 Action 操作，因为 take、head 均获得的均为 Array(数组)，而 limit 返回的一个新的转化生成的 DataFrame 对象（见图 5-48）。

```
df.limit(20).show()
```

```
root@jihan-virtual-machine: /opt/spark-2.2.0-bin-hadoop2.7/bin

scala> df.limit(20).show()
+---+--------------------+--------+-----------+---+
|age|           institute|    name|      phone|sex|
+---+--------------------+--------+-----------+---+
| 20|                信息学院| Michael|18663930185|  男|
| 21|                信息学院|    Andy|18663930186|  女|
| 19|                信息学院|  Justin|18663930187|  男|
| 19|                信息学院|   Aaron|18663930188|  男|
| 20|                信息学院|  Abbott|18663930189|  男|
| 19|                信息学院|    Abel|18663930180|  女|
| 20|材料-----------------...|   Abner|18163930185|  男|
| 21|                材料学院| Abraham|18263930185|  女|
| 19|                材料学院|    Adam|18363930185|  男|
| 19|                材料学院| Addison|18463930185|  男|
| 18|                材料学院|  Barret|18563930185|  女|
| 19|                化工学院|   Basil|18763930185|  女|
| 20|                化工学院|    Beau|18863930185|  女|
| 20|                化工学院|Benedict|18963930185|  男|
| 19|                化工学院|  Cedric|18603930185|  男|
| 21|                化工学院|    Chad|18613930185|  男|
| 22|                化工学院| Chapman|18623930185|  女|
| 19|                化工学院| Clement|18643930185|  男|
| 19|                 医学院| Dempsey|18665930185|  女|
| 20|                 医学院|  Dennis|18666930185|  女|
+---+--------------------+--------+-----------+---+

scala>
```

图 5-48

5.3.5　排序操作：order by 和 sort

order by 和 sort 方法如图 5-49 所示。

def **orderBy**(sortExprs: Column*): Dataset[T]

Returns a new Dataset sorted by the given expressions.

def **orderBy**(sortCol: String, sortCols: String*): Dataset[T]

Returns a new Dataset sorted by the given expressions.

def **sort**(sortExprs: Column*): Dataset[T]

Returns a new Dataset sorted by the given expressions. For example:

```
ds.sort($"col1", $"col2".desc)
```

Annotations　　@varargs()

Since　　2.0.0

def **sort**(sortCol: String, sortCols: String*): Dataset[T]

Returns a new Dataset sorted by the specified column, all in ascending order.

```
// The following 3 are equivalent
ds.sort("sortcol")
ds.sort($"sortcol")
ds.sort($"sortcol".asc)
```

图 5-49

（1）orderBy 和 sort：按指定字段排序，默认为升序

按指定字段排序。在 Column 后面加.desc 表示降序排序,加.asc 表示升序排序。sort 和

orderBy 使用方法相同，可参看图 5-50、图 5-51。

```
df.orderBy(df("age").asc).show(false)
```

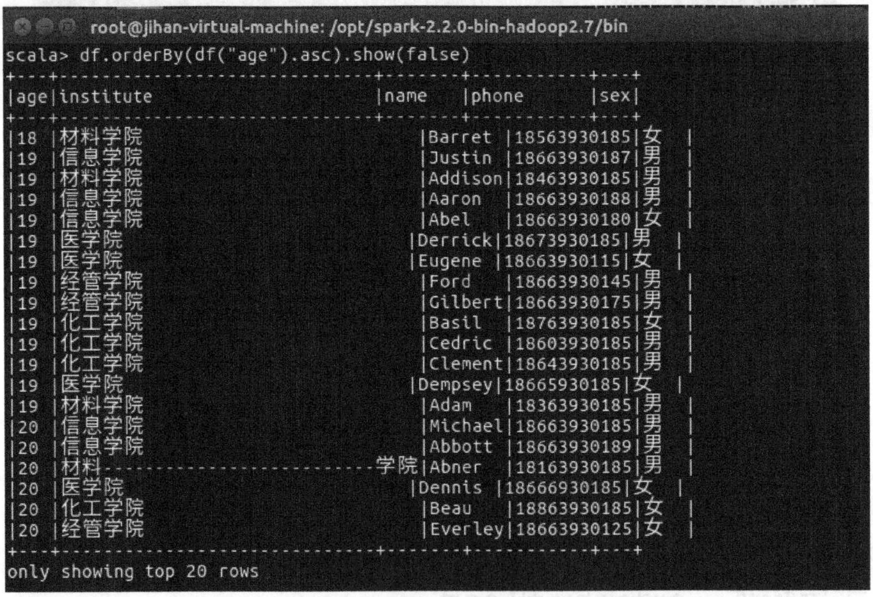

```
root@jihan-virtual-machine: /opt/spark-2.2.0-bin-hadoop2.7/bin
scala> df.orderBy(df("age").asc).show(false)
+---+--------------------------------+-------+-----------+---+
|age|institute                       |name   |phone      |sex|
+---+--------------------------------+-------+-----------+---+
|18 |材料学院                        |Barret |18563930185|女 |
|19 |信息学院                        |Justin |18663930187|男 |
|19 |材料学院                        |Addison|18463930185|男 |
|19 |信息学院                        |Aaron  |18663930188|男 |
|19 |信息学院                        |Abel   |18663930180|女 |
|19 |医学院                          |Derrick|18673930185|男 |
|19 |医学院                          |Eugene |18663930115|女 |
|19 |经管学院                        |Ford   |18663930145|男 |
|19 |经管学院                        |Gilbert|18663930175|男 |
|19 |化工学院                        |Basil  |18763930185|女 |
|19 |化工学院                        |Cedric |18603930185|男 |
|19 |化工学院                        |Clement|18643930185|男 |
|19 |医学院                          |Dempsey|18665930185|女 |
|19 |材料学院                        |Adam   |18363930185|男 |
|20 |信息学院                        |Michael|18663930185|男 |
|20 |信息学院                        |Abbott |18663930189|男 |
|20 |材料--------------------------学院|Abner  |18163930185|男 |
|20 |医学院                          |Dennis |18666930185|女 |
|20 |化工学院                        |Beau   |18863930185|女 |
|20 |经管学院                        |Everley|18663930125|女 |
+---+--------------------------------+-------+-----------+---+
only showing top 20 rows
```

图 5-50

```
df.orderBy(df("age").desc).show(false)
```

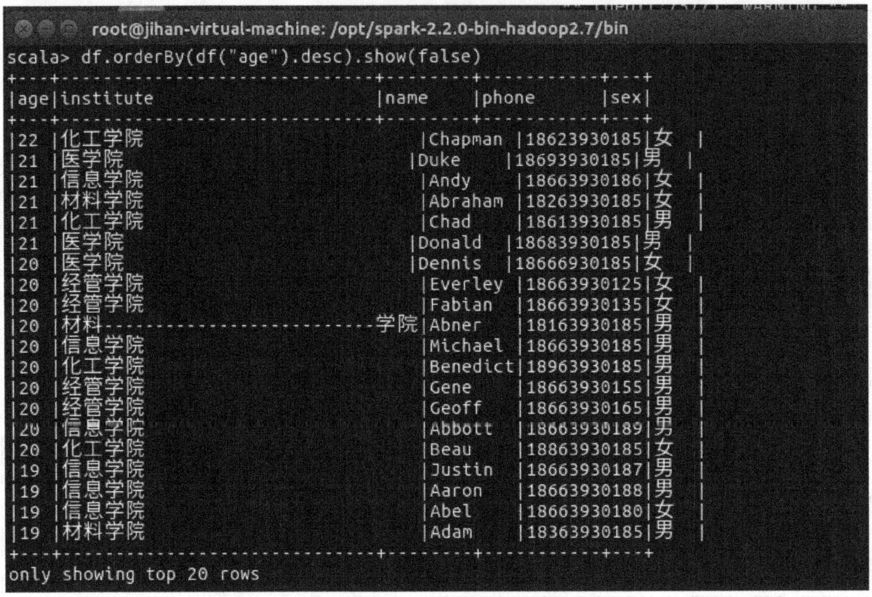

```
root@jihan-virtual-machine: /opt/spark-2.2.0-bin-hadoop2.7/bin
scala> df.orderBy(df("age").desc).show(false)
+---+--------------------------------+--------+-----------+---+
|age|institute                       |name    |phone      |sex|
+---+--------------------------------+--------+-----------+---+
|22 |化工学院                        |Chapman |18623930185|女 |
|21 |医学院                          |Duke    |18693930185|男 |
|21 |信息学院                        |Andy    |18663930186|女 |
|21 |材料学院                        |Abraham |18263930185|女 |
|21 |化工学院                        |Chad    |18613930185|男 |
|21 |医学院                          |Donald  |18683930185|男 |
|20 |医学院                          |Dennis  |18666930185|女 |
|20 |经管学院                        |Everley |18663930125|女 |
|20 |经管学院                        |Fabian  |18663930135|女 |
|20 |材料--------------------------学院|Abner   |18163930185|男 |
|20 |信息学院                        |Michael |18663930185|男 |
|20 |化工学院                        |Benedict|18963930185|男 |
|20 |经管学院                        |Gene    |18663930155|男 |
|20 |经管学院                        |Geoff   |18663930165|男 |
|20 |信息学院                        |Abbott  |18663930189|男 |
|20 |化工学院                        |Beau    |18863930185|女 |
|19 |信息学院                        |Justin  |18663930187|男 |
|19 |信息学院                        |Aaron   |18663930188|男 |
|19 |信息学院                        |Abel    |18663930180|女 |
|19 |材料学院                        |Adam    |18363930185|男 |
+---+--------------------------------+--------+-----------+---+
only showing top 20 rows
```

图 5-51

orderBy() 也支持对多个字段进行排序，如图 5-52 所示。

```
df.orderBy(df("age").asc,df("name")).show(false)
```

```
root@jihan-virtual-machine: /opt/spark-2.2.0-bin-hadoop2.7/bin
scala> df.orderBy(df("age").asc,df("name")).show(false)
+---+--------------------------------+--------+-----------+---+
|age|institute                       |name    |phone      |sex|
+---+--------------------------------+--------+-----------+---+
|18 |材料学院                        |Barret  |18563930185|女  |
|19 |信息学院                        |Aaron   |18663930188|男  |
|19 |信息学院                        |Abel    |18663930180|女  |
|19 |材料学院                        |Adam    |18363930185|男  |
|19 |材料学院                        |Addison |18463930185|男  |
|19 |化工学院                        |Basil   |18763930185|女  |
|19 |化工学院                        |Cedric  |18603930185|男  |
|19 |化工学院                        |Clement |18643930185|男  |
|19 |医学院                          |Dempsey |18665930185|女  |
|19 |医学院                          |Derrick |18673930185|男  |
|19 |医学院                          |Eugene  |18663930115|女  |
|19 |经管学院                        |Ford    |18663930145|男  |
|19 |经管学院                        |Gilbert |18663930175|男  |
|19 |信息学院                        |Justin  |18663930187|男  |
|20 |信息学院                        |Abbott  |18663930189|男  |
|20 |材料--------------------------学院|Abner   |18163930185|男  |
|20 |化工学院                        |Beau    |18863930185|女  |
|20 |化工学院                        |Benedict|18963930185|男  |
|20 |医学院                          |Dennis  |18666930185|女  |
|20 |经管学院                        |Everley |18663930125|女  |
+---+--------------------------------+--------+-----------+---+
only showing top 20 rows
```

图 5-52

sort() 方法和 orderBy() 方法用法一致，效果等效，如图 5-53 所示。

```
root@jihan-virtual-machine: /opt/spark-2.2.0-bin-hadoop2.7/bin
scala> df.sort(df("age").asc,df("name")).show(false)
+---+--------------------------------+--------+-----------+---+
|age|institute                       |name    |phone      |sex|
+---+--------------------------------+--------+-----------+---+
|18 |材料学院                        |Barret  |18563930185|女  |
|19 |信息学院                        |Aaron   |18663930188|男  |
|19 |信息学院                        |Abel    |18663930180|女  |
|19 |材料学院                        |Adam    |18363930185|男  |
|19 |材料学院                        |Addison |18463930185|男  |
|19 |化工学院                        |Basil   |18763930185|女  |
|19 |化工学院                        |Cedric  |18603930185|男  |
|19 |化工学院                        |Clement |18643930185|男  |
|19 |医学院                          |Dempsey |18665930185|女  |
|19 |医学院                          |Derrick |18673930185|男  |
|19 |医学院                          |Eugene  |18663930115|女  |
|19 |经管学院                        |Ford    |18663930145|男  |
|19 |经管学院                        |Gilbert |18663930175|男  |
|19 |信息学院                        |Justin  |18663930187|男  |
|20 |信息学院                        |Abbott  |18663930189|男  |
|20 |材料--------------------------学院|Abner   |18163930185|男  |
|20 |化工学院                        |Beau    |18863930185|女  |
|20 |化工学院                        |Benedict|18963930185|男  |
|20 |医学院                          |Dennis  |18666930185|女  |
|20 |经管学院                        |Everley |18663930125|女  |
+---+--------------------------------+--------+-----------+---+
only showing top 20 rows
```

图 5-53

（2）sortWithinPartitions（见图 5-54）

```
def sortWithinPartitions(sortExprs: Column*): Dataset[T]
    Returns a new Dataset with each partition sorted by the given expressions.

def sortWithinPartitions(sortCol: String, sortCols: String*): Dataset[T]
    Returns a new Dataset with each partition sorted by the given expressions.
```

图 5-54

和上面的 sort 方法功能类似，区别在于 sortWithinPartitions 方法返回的是排好序的每一个 Partition 的 DataFrame 对象。

5.3.6　group by 操作

group by 方法如图 5-55 所示。

```
def groupBy(col1: String, cols: String*): RelationalGroupedDataset
    Groups the Dataset using the specified columns, so that we can run aggregation on them.

def groupBy(cols: Column*): RelationalGroupedDataset
    Groups the Dataset using the specified columns, so we can run aggregation on them.
```

图 5-55

（1）groupBy：根据字段进行 group by 操作

groupBy 方法有两种调用方式，可以传入 String 类型的字段名，也可传入 Column 类型的对象。

使用方法如下：

```
Df .groupBy("institute")
df.groupBy( df( "institute"))
```

（2）RelationalGroupedDataset 对象

groupBy()方法得到的是 RelationalGroupedDataset 类型对象，在 RelationalGroupedDataset 的 API 中提供了 group by 之后的操作，比如：

- max(colNames: String*)方法，获取分组中指定字段或者所有的数字类型字段的最大值，只能作用于数字型字段。
- min(colNames: String*)方法，获取分组中指定字段或者所有的数字类型字段的最小值，只能作用于数字型字段。
- mean(colNames: String*)方法，获取分组中指定字段或者所有的数字类型字段的平均值，只能作用于数字型字段。
- sum(colNames: String*)方法，获取分组中指定字段或者所有的数字类型字段的和值，只能作用于数字型字段。
- Count()方法，获取分组中的元素个数。

运行结果说明如下。

统计所有学生中不同年龄数目，如图 5-56 所示。

```
df.groupBy("age").count().show()
```

```
scala> df.groupBy("age").count().show()
+---+-----+
|age|count|
+---+-----+
| 19|   13|
| 22|    1|
| 18|    1|
| 21|    5|
| 20|   10|
+---+-----+
```

图 5-56

统计各学院学生的学生平均年龄，如图 5-57 所示。

```
df.groupBy("institute").mean("age").show()
```

```
scala> df.groupBy("institute").mean("age").show()
+---------+------------------+
|institute|          avg(age)|
+---------+------------------+
|     医学院|19.833333333333332|
|材料     ---|              20.0|
|     材料学院|             19.25|
|     化工学院|              20.0|
|     信息学院|19.666666666666668|
|     经管学院|19.666666666666668|
+---------+------------------+
```

图 5-57

统计各学院男女学生的学生平均年龄，如图 5-58 所示。

```
df.groupBy("institute","sex").mean("age").show()
```

```
scala> df.groupBy("institute","sex").mean("age").show()
+---------+---+------------------+
|institute|sex|          avg(age)|
+---------+---+------------------+
|     医学院| 男|20.333333333333332|
|     化工学院| 男|             19.75|
|     材料学院| 女|              19.5|
|     化工学院| 女|20.333333333333332|
|     经管学院| 男|              19.5|
|     材料学院| 男|              19.0|
|     信息学院| 男|              19.5|
|材料   ---...| 男|              20.0|
|     医学院| 女|19.333333333333332|
|     经管学院| 女|              20.0|
|     信息学院| 女|              20.0|
+---------+---+------------------+
```

图 5-58

5.3.7　distinct、dropDuplicates 去重操作

distinct、dropDuplicates 方法如图 5-59 所示。

```
def distinct(): Dataset[T]
    Returns a new Dataset that contains only the unique rows from this Dataset.
```

```
def dropDuplicates(): Dataset[T]
    Returns a new Dataset that contains only the unique rows from this Dataset.
```

图 5-59

（1）distinct：返回一个不包含重复记录的 DataFrame

返回当前 DataFrame 中不重复的 Row 记录。该方法和接下来的 dropDuplicates() 方法不传入指定字段时的结果相同。

示例：

在去重操作 distinct() 之前有重复记录，如图 5-60 所示。

```
scala> df.show(5)
+---+---------+-------+-----------+---+
|age|institute|   name|      phone|sex|
+---+---------+-------+-----------+---+
| 20|     信息学院|Michael|18663930185|  男|
| 20|     信息学院|Michael|18663930185|  男|
| 21|     信息学院|   Andy|18663930186|  女|
| 19|     信息学院| Justin|18663930187|  男|
| 19|     信息学院|  Aaron|18663930188|  男|
+---+---------+-------+-----------+---+
only showing top 5 rows
```

图 5-60

df.distinct() 去重之后，删除了重复行，如图 5-61 所示。

```
scala> df.distinct().show(40)
+---+---------+---------+-----------+---+
|age|institute|     name|      phone|sex|
+---+---------+---------+-----------+---+
| 20|     化工学院|     Beau|18863930185|  女|
| 19|      医学院|   Eugene|18663930115|  女|
| 20|     信息学院|  Michael|18663930185|  男|
| 22|     化工学院|  Chapman|18623930185|  女|
| 19|      医学院|  Dempsey|18665930185|  女|
| 19|      医学院|  Derrick|18673930185|  男|
| 20|     经管学院|    Geoff|18663930165|  男|
| 18|     材料学院|   Barret|18563930185|  女|
| 19|     信息学院|     Abel|18663930180|  女|
| 20|      医学院|   Dennis|18666930185|  女|
| 19|     化工学院|   Cedric|18603930185|  男|
| 21|     信息学院|     Andy|18663930186|  女|
| 21|     材料学院|  Abraham|18263930185|  女|
| 19|     经管学院|  Gilbert|18663930175|  男|
| 20|     信息学院|   Abbott|18663930189|  男|
| 19|     信息学院|   Justin|18663930187|  男|
| 20|     经管学院|     Gene|18663930155|  男|
| 19|     材料学院|  Addison|18463930185|  男|
| 19|     化工学院|    Basil|18763930185|  女|
| 19|     材料学院|     Adam|18363930185|  男|
| 21|      医学院|   Donald|18683930185|  男|
| 19|     化工学院|  Clement|18643930185|  男|
| 19|     经管学院|     Ford|18663930145|  男|
| 20|     化工学院| Benedict|18963930185|  男|
| 19|     信息学院|    Aaron|18663930188|  男|
| 20|     经管学院|   Fabian|18663930135|  女|
| 21|      医学院|     Duke|18693930185|  男|
| 20|     经管学院|  Everley|18663930125|  女|
| 21|     化工学院|     Chad|18613930185|  男|
+---+---------+---------+-----------+---+
```

图 5-61

（2）dropDuplicates：根据指定字段（可多个字段组合）去重

根据指定字段去重。由图 5-62 可以看到，也可同时输入多个列名（cols）进行组合去重。

```
def dropDuplicates(col1: String, cols: String*): Dataset[T]
    Returns a new Dataset with duplicate rows removed, considering only the subset of
    columns.
```

图 5-62

示例：

（1）组合 age、institute 双字段进行去重，如图 5-63 所示。

```
scala> df.dropDuplicates("age","institute").show()
+---+---------+-------+-----------+---+
|age|institute|   name|      phone|sex|
+---+---------+-------+-----------+---+
| 21|     化工学院|   Chad|18613930185|  男|
| 18|     材料学院| Barret|18563930185|  女|
| 21|     信息学院|   Andy|18663930186|  女|
| 21|     材料学院|Abraham|18263930185|  女|
| 20|     信息学院|Michael|18663930185|  男|
| 21|      医学院| Donald|18683930185|  男|
| 20|      医学院| Dennis|18666930185|  女|
| 20|     化工学院|   Beau|18863930185|  女|
| 20|     经管学院|Everley|18663930125|  女|
| 19|     化工学院|  Basil|18763930185|  女|
| 22|     化工学院|Chapman|18623930185|  女|
| 19|     材料学院|   Adam|18363930185|  男|
| 19|     经管学院|   Ford|18663930145|  男|
| 19|     信息学院| Justin|18663930187|  男|
| 19|      医学院|Dempsey|18665930185|  女|
+---+---------+-------+-----------+---+
```

图 5-63

（2）使用 age 单字段去重，如图 5-64 所示。

```
scala> df.dropDuplicates("age").show()
+---+---------+-------+-----------+---+
|age|institute|   name|      phone|sex|
+---+---------+-------+-----------+---+
| 19|     信息学院| Justin|18663930187|  男|
| 22|     化工学院|Chapman|18623930185|  女|
| 18|     材料学院| Barret|18563930185|  女|
| 21|     信息学院|   Andy|18663930186|  女|
| 20|     信息学院|Michael|18663930185|  男|
+---+---------+-------+-----------+---+
```

图 5-64

5.3.8　聚合操作

聚合操作是指 agg 方法，如图 5-65 所示。

```
def agg(aggExpr: (String, String), aggExprs: (String, String)*): DataFrame
(Scala-specific) Aggregates on the entire Dataset without groups.

// ds.agg(...) is a shorthand for ds.groupBy().agg(...)
ds.agg("age" -> "max", "salary" -> "avg")
ds.groupBy().agg("age" -> "max", "salary" -> "avg")

Since                 2.0.0
```

图 5-65

聚合操作调用的是 agg 方法,该方法输入的是对于聚合操作的表达(aggExpr),可同时对多个列进行聚合操作(aggExprs)。一般与 groupBy 方法配合使用。

以下示例是其中最简单直观的一种用法,对 age 字段求平均值,对 phone 字段求最大值(见图 5-66)。

```
df.agg("age" -> "mean", "phone" -> "max").show()
```

```
scala> df.agg("age"->"mean","phone"->"max").show()
+------------------+----------+
|          avg(age)| max(phone)|
+------------------+----------+
|19.733333333333334|18963930185|
+------------------+----------+
```

图 5-56

配合 groupBy 方法使用,如图 5-67 所示。

```
df.groupBy("institute").agg("age" -> "mean", "phone" -> "max").show()
```

```
scala> df.groupBy("institute").agg("age"->"mean","phone"->"max").show()
+---------+------------------+----------+
|institute|          avg(age)| max(phone)|
+---------+------------------+----------+
|   医学院|19.833333333333332|18669930185|
|   材料学院|             19.25|18563930185|
|   化工学院|              20.0|18963930185|
|   信息学院|19.714285714285715|18663930189|
|   经管学院|19.666666666666668|18663930175|
+---------+------------------+----------+
```

图 5-67

5.3.9 union 合并操作

union 方法如图 5-68 所示。

```
def union(other: Dataset[T]): Dataset[T]
Returns a new Dataset containing union of rows in this Dataset and
another Dataset.
```

图 5-68

union 方法对两个字段一致的 DataFrame 进行组合,返回是组合生成的新 DataFrame。类似于 SQL 中的 UNION 操作。

示例(见图 5-69):

```
df.limit(5).union(df.limit(5))
```

```
scala> df.limit(5).union(df.limit(5)).show()
+---+---------+-------+-----------+---+
|age|institute|   name|      phone|sex|
+---+---------+-------+-----------+---+
| 20|    信息学院|Michael|18663930185|  男|
| 20|    信息学院|Michael|18663930185|  男|
| 21|    信息学院|   Andy|18663930186|  女|
| 19|    信息学院| Justin|18663930187|  男|
| 19|    信息学院|  Aaron|18663930188|  男|
| 20|    信息学院|Michael|18663930185|  男|
| 20|    信息学院|Michael|18663930185|  男|
| 21|    信息学院|   Andy|18663930186|  女|
| 19|    信息学院| Justin|18663930187|  男|
| 19|    信息学院|  Aaron|18663930188|  男|
+---+---------+-------+-----------+---+
```

图 5-69

结果说明：

将两个相同的 df 前五条数据构成的 DataFrame 合并转化成新的 DataFrame。

5.3.10　join 操作

重点来了。在 SQL 语言中用得很多的就是 join 操作，DataFrame 中同样也提供了 join 的功能。

接下来隆重介绍 join 方法。在 DataFrame 中提供了以下五个重载的 join 方法，如图 5-70 所示。

①
```
def join(right: Dataset[_], usingColumn: String): DataFrame
```
Inner equi-join with another DataFrame using the given column.

②
```
def join(right: Dataset[_], usingColumns: Seq[String]): DataFrame
```
Inner equi-join with another DataFrame using the given columns.

③
```
def join(right: Dataset[_], usingColumns: Seq[String], joinType: String): DataFrame
```
Equi-join with another DataFrame using the given columns.

④
```
def join(right: Dataset[_], joinExprs: Column): DataFrame
```
Inner join with another DataFrame, using the given join expression.

⑤
```
def join(right: Dataset[_], joinExprs: Column, joinType: String): DataFrame
```
Join with another DataFrame, using the given join expression.

图 5-70

（1）join 五大重载函数说明

观察图 5-70 中的五个 join()函数，发现其主要区别在于输入参数的个数与类型不同。

其中，① ② ④join() 方法皆为内连接（inner join），因为这两个 join() 方法并没有调节

join 类型的 joinType 的参数输入，因此是默认的内连接，而③ ⑤方法皆有 joinType: String 该参数，因此可从 inner、cross、outer、ull、full_outer、left、left_outer、right、right_outer、left_semi,left_anti 选择任何一种连接类型进行 join 操作。

观察① ②join() 函数，这两者主要区别在于第二个输入参数分别为 usingColumn: String、usingColumns: Seq[String]，前者是表示一个字段的 String，后者是可以表示多个字段的 Seq（序列），即当我们在两个 DataFrame 对象进行连接操作时，不仅可以基于一个字段，也可以用多个字段进行匹配连接。

观察④ ⑤join 方法，可看到出第二个输入参数不再是象征着字段的 usingColumn: String、usingColumns: Seq[String]，而是 joinExprs:Column 这种表示两个参与 join 运算的连接字段的表述（expression），如图 5-71 所示。

图 5-71

关于 inner、 outer、full、left、left_outer、right、right_outer 等连接方式，本书不做详细解释，若对于内连接、外连接、全连接概念不清淅，请自行上网查阅 "SQL 中的 join 类型" 相关内容。

（2）根据特定字段进行 join 操作

下面这种 join 类似于 a join b using column1 的形式，需要两个 DataFrame 中有相同的一个列名。

示例：

```
joinDf1.join(joinDf2,"name").show(5)
```

JoinDf1 结构展示如图 5-72 所示。

图 5-72

JoinDf2 结构展示如图 5-73 所示。

图 5-73

InnerJoin（单字段）：

```
joinDf1.join(joinDf2,"name").show(5)
```

如图 5-74 所示。

图 5-74

joinDF1 和 joinDF2 根据 name 字段进行 join 操作，结果如上，name 字段只显示一次。

（3）根据多个字段进行 join 操作

除了上面这种 using 一个字段的情况外，当两个 DataFrame 进行 join 操作需要两个或多个字段标识匹配一条记录时，还可以 using 多个字段，多个字段通过 Seq 类型的序列传入：

```
joinDF1.join(joinDF2, Seq("id", "name"))
```

（4）指定 join 类型

两个 DataFrame 的 join 操作有 inner、outer、left_outer、right_outer、leftsemiinner、cross 等类型。在上面的根据多个字段 join 的情况下，可以写第三个 String 类型参数，指定 join 的类型，如下所示：

```
joinDF1.join(joinDF2, Seq("id", "name"), "right_outer")
```

（5）使用 Column 类型来 join

如果不采用① ② ③join() 方法通过直接传入列名或多个列名组成的序列的指定连接条件的方式，也可以使用④ ⑤join() 方法如下直接分别指定两个 DataFrame 连接的 Column 的灵活表达形式，如图 5-75 所示。

```
joinDF1.join(joinDF2 , joinDF1("id" ) === joinDF2( "t1_id")).show()
```

```
scala> joinDf1.join(joinDf2 , joinDf1("name" ) === joinDf2( "name")).show()
+---+---------+--------+-----------+---+------+--------+------+
|age|institute|    name|      phone|sex|height|    name|weight|
+---+---------+--------+-----------+---+------+--------+------+
| 20| 信息学院| Michael|18663930185| 男|   180| Michael|   140|
| 20| 信息学院| Michael|18663930185| 男|   180| Michael|   140|
| 21| 信息学院|    Andy|18663930186| 女|   180|    Andy|   200|
| 19| 信息学院|  Justin|18663930187| 男|   170|  Justin|   140|
| 19| 信息学院|   Aaron|18663930188| 男|   170|   Aaron|   140|
| 20| 信息学院|  Abbott|18663930189| 男|   170|  Abbott|    90|
| 19| 信息学院|    Abel|18663930180| 女|   170|    Abel|    90|
| 21| 材料学院| Abraham|18263930185| 女|   170| Abraham|    91|
| 19| 材料学院|    Adam|18363930185| 男|   170|    Adam|   120|
| 19| 材料学院| Addison|18463930185| 男|   170| Addison|   110|
| 18| 材料学院|  Barret|18563930185| 女|   170|  Barret|    80|
| 19| 化工学院|   Basil|18763930185| 女|   170|   Basil|   160|
| 20| 化工学院|    Beau|18863930185| 女|   170|    Beau|   170|
| 20| 化工学院|Benedict|18963930185| 男|   170|Benedict|   120|
| 19| 化工学院|   Cedric|18603930185| 男|   170|   Cedric|   130|
+---+---------+--------+-----------+---+------+--------+------+
```

图 5-75

（6）在指定 join 字段同时指定 join 类型（见图 5-76）

```
joinDF1.join(joinDF2 , joinDF1("id" ) === joinDF2( "t1_id"), "cross").show()
```

```
root@jihan-virtual-machine: /opt/spark-2.2.0-bin-hadoop2.7/bin
scala> joinDf1.join(joinDf2 , joinDf1("name" ) === joinDf2( "name"),"cross").sho
w()
+---+---------+--------+-----------+---+------+--------+------+
|age|institute|    name|      phone|sex|height|    name|weight|
+---+---------+--------+-----------+---+------+--------+------+
| 20| 信息学院| Michael|18663930185| 男|   180| Michael|   140|
| 20| 信息学院| Michael|18663930185| 男|   180| Michael|   140|
| 21| 信息学院|    Andy|18663930186| 女|   180|    Andy|   200|
| 19| 信息学院|  Justin|18663930187| 男|   170|  Justin|   140|
| 19| 信息学院|   Aaron|18663930188| 男|   170|   Aaron|   140|
| 20| 信息学院|  Abbott|18663930189| 男|   170|  Abbott|    90|
| 19| 信息学院|    Abel|18663930180| 女|   170|    Abel|    90|
| 21| 材料学院| Abraham|18263930185| 女|   170| Abraham|    91|
| 19| 材料学院|    Adam|18363930185| 男|   170|    Adam|   120|
| 19| 材料学院| Addison|18463930185| 男|   170| Addison|   110|
| 18| 材料学院|  Barret|18563930185| 女|   170|  Barret|    80|
| 19| 化工学院|   Basil|18763930185| 女|   170|   Basil|   160|
| 20| 化工学院|    Beau|18863930185| 女|   170|    Beau|   170|
| 20| 化工学院|Benedict|18963930185| 男|   170|Benedict|   120|
| 19| 化工学院|   Cedric|18603930185| 男|   170|   Cedric|   130|
+---+---------+--------+-----------+---+------+--------+------+
```

图 5-76

5.3.11 获取指定字段统计信息

stat 方法可以用于计算指定字段或指定字段之间的统计信息，比如方差、协方差、某字段出现频繁的元素集合等。这个方法返回一个 DataFrameStatFunctions 类型对象，如图 5-77 所示。

```
def stat: DataFrameStatFunctions
    Returns a DataFrameStatFunctions for working statistic functions
    support.
```

图 5-77

DataFrame 调用 Stat 方法后获得 DataFrameStatFunctions 类型对象，该对象下有子调用接

□ freqItems、corr、cov 等，freqItems 可用于分别计算某一列或几列中出现频繁的值的集合，corr 可用于计算列与列之间的相关性，而 cov 可用于计算两列的协方差。freqItems、corr、cov 子接口如图 5-78 所示。

```
def freqItems(cols: Array[String]): DataFrame
    Finding frequent items for columns, possibly with false positives.

def freqItems(cols: Array[String], support: Double): DataFrame
    Finding frequent items for columns, possibly with false positives.
```

```
def corr(col1: String, col2: String): Double
    Calculates the Pearson Correlation Coefficient of two columns of a DataFrame.

def corr(col1: String, col2: String, method: String): Double
    Calculates the correlation of two columns of a DataFrame.
```

```
def cov(col1: String, col2: String): Double
    Calculate the sample covariance of two numerical columns of a DataFrame.
```

图 5-78

其中，两个 freeItem（）方法内的需输入表示列的 Array 可以换成对应的包含列的 Seq，即 cols: Array[String]、cols: Seq[String]两种表现形式皆可。

freqItems 演示：

下面代码演示根据 age、height 字段，统计该字段值出现频率在 30%以上的内容，如图 5-79 所示。

```
df.stat.freqItems(Array("age","height"),0.3).show()
df.stat.freqItems(Seq("age","height"),0.3).show()
```

```
scala> df.stat.freqItems(Array("age","height"),0.3).show()
+------------+---------------+
|age_freqItems|height_freqItems|
+------------+---------------+
| [20, 19, 21]|     [180, 170]|
+------------+---------------+

scala> df.stat.freqItems(Seq("age","height"),0.3).show()
+------------+---------------+
|age_freqItems|height_freqItems|
+------------+---------------+
| [20, 19, 21]|     [180, 170]|
+------------+---------------+
```

图 5-79

freqItems(cols: Seq[String]/Array[String], support: Double)

如上所述，可见 cols 即可用 Seq[String]/Array[String]两种方式其中任何一种表示，而通过第二个参数 support: Double 可以控制在某一列中筛选出在某频率之上的值的集合。

corr 求两列相关性演示（见图 5-80）：

下面代码演示求取 height、weight 相关性。

```
df.stat.corr("height","weight")
```

```
scala> df.stat.corr("height","weight")
res20: Double = 0.49566271999285366
```

图 5-80

可见，返回值为 Double 类型的值，可根据该值查询相关系数显著性检验表，确认两列之间的相关程度

cov 求两列协方差演示如下，这段代码演示求取 height、weight 协方差（见图 5-81）。

```
df.stat.cov("height","weight")
```

```
scala> df.stat.cov("height","weight")
res21: Double = 68.42857142857143
```

图 5-81

可见，返回值也为 Double 类型的值，可参考确认两列之间的关系。

5.3.12 获取两个 DataFrame 中共有的记录

获取两个 DataFrame 中共有的记录方法如图 5-82 所示。

```
def intersect(other: Dataset[T]): Dataset[T]
    Returns a new Dataset containing rows only in both this Dataset and another Dataset.
```

图 5-82

intersect 方法可以计算出两个 DataFrame 中相同的记录,返回值也为 DataFrame，如图 5-83 所示。

```
Df.intersect(df.limit(1)).show(false)
```

```
scala> df.intersect(df.limit(1)).show(false)
+---+---------+-------+-----------+---+------+-------+------+
|age|institute|name   |phone      |sex|height|name   |weight|
+---+---------+-------+-----------+---+------+-------+------+
|20 |信息学院  |Michael|18663930185|男 |180   |Michael|140   |
+---+---------+-------+-----------+---+------+-------+------+
```

图 5-83

5.3.13 获取一个 DataFrame 中有另一个 DataFrame 中没有的记录

获取一个 DataFrame 中有，另一个 DataFrame 中没有的记录，方法如图 5-84 所示。

```
def except(other: Dataset[T]): Dataset[T]
    Returns a new Dataset containing rows in this Dataset but not in another Dataset.
```

图 5-84

演示实例（见图 5-85）：

```
df.except(df.limit(2)).show(false)
```

图 5-85

如图 5-85 所示，经过 except 操作后，返回的 DataFrame 中已删除了之前的前两条记录。

5.3.14　操作字段名

（1）withColumnRenamed：重命名 DataFrame 中的指定字段名（见图 5-86）

```
def withColumnRenamed(existingName: String, newName: String): DataFrame
    Returns a new Dataset with a column renamed.
```

图 5-86

如果指定的字段名不存在，不进行任何操作。下面示例中将 df 中的 name 字段重命名为 englishName，如图 5-87 所示。

```
df.withColumnRenamed( "name" , "englishName" )
```

图 5-87

（2）withColumn：往当前 DataFrame 中新增一列，该列可来源于本身 DataFrame 对象，不可来自其他非己 DataFrame 对象（见图 5-88）

```
def withColumn(colName: String, col: Column): DataFrame
    Returns a new Dataset by adding a column or replacing the existing column that has the same name.
```

图 5-88

whtiColumn(colName: String , col: Column)方法根据指定 colName 往 DataFrame 中新增一列，如果 colName 已存在，则会覆盖当前列。

以下代码往 df 中新增一个名为“age*2”的列，如图 5-89 所示。

```
df.withColumn("age*2",df("age")*2).show(5)
```

```
scala> df.withColumn("age*2",df("age")*2).show(5)
+---+---------+-------+-----------+---+-----+
|age|institute|   name|      phone|sex|age*2|
+---+---------+-------+-----------+---+-----+
| 20|     信息学院|Michael|18663930185|  男|   40|
| 21|     信息学院|   Andy|18663930186|  女|   42|
| 19|     信息学院| Justin|18663930187|  男|   38|
| 19|     信息学院|  Aaron|18663930188|  男|   38|
| 20|     信息学院| Abbott|18663930189|  男|   40|
+---+---------+-------+-----------+---+-----+
```

图 5-89

5.3.15 处理空值列

使用 na 方法对具有空值列的行数据进行处理，例如删除缺失某一列值的行或用指定值（缺失值）替换空值列的值，如图 5-90 所示。

```
def na: DataFrameNaFunctions
    Returns a DataFrameNaFunctions for working with missing data.
```

图 5-90

需要注意的是，在 DataFrame 对象上使用 na 方法后返回的是对应的 DataFrameNaFunction 对象，进而调用对应的 drop、fill 方法来处理指定列为空值的行。

（1）drop：删除指定列为空值的行（见图 5-91）

```
def drop(): DataFrame
    Returns a new DataFrame that drops rows containing any null or NaN values.
```

```
def drop(cols: Array[String]): DataFrame
    Returns a new DataFrame that drops rows containing any null or NaN values in the specified columns.
```

图 5-91

第一个 drop() 无参方法，只要行数据中有空值列（一个或多个空值列）便进行删除，而第二个 drop(cols: Array[String]) 重载方法，可通过将指定列的列名组成的数组传入 drop 方法，用于当特定的一个或几个列同时为空值时才删除的情况。

drop 方法前的 DataFrame 对象（df）内容展示（见图 5-92）：

```
df.show(5)
```

```
scala> df.show(5)
+----+---------+------+-----------+---+
| age|institute|  name|      phone|sex|
+----+---------+------+-----------+---+
|null|     null|  null|       null|null|
|null| 信息学院|  Andy|18663930186| 女|
|  19| 信息学院|Justin|18663930187| 男|
|  19| 信息学院| Aaron|18663930188| 男|
|  20| 信息学院|Abbott|18663930189| 男|
+----+---------+------+-----------+---+
only showing top 5 rows
```

图 5-92

```
df.na.drop().show(5)
```

可以看到只要具有空值列的行数据就会被删除，如图 5-93 所示。

```
scala> df.na.drop().show(5)
+---+---------+------+-----------+---+
|age|institute|  name|      phone|sex|
+---+---------+------+-----------+---+
| 19| 信息学院|Justin|18663930187| 男|
| 19| 信息学院| Aaron|18663930188| 男|
| 20| 信息学院|Abbott|18663930189| 男|
| 19| 信息学院|  Abel|18663930180| 女|
| 20| 材料学院| Abner|18163930185| 男|
+---+---------+------+-----------+---+
only showing top 5 rows
```

图 5-93

```
df.na.drop(Array("sex")).show(5)
```

指定 sex 列为空值的行数据被删除，如图 5-94 所示。

```
scala> df.na.drop(Array("sex")).show(5)
+----+---------+------+-----------+---+
| age|institute|  name|      phone|sex|
+----+---------+------+-----------+---+
|null| 信息学院|  Andy|18663930186| 女|
|  19| 信息学院|Justin|18663930187| 男|
|  19| 信息学院| Aaron|18663930188| 男|
|  20| 信息学院|Abbott|18663930189| 男|
|  19| 信息学院|  Abel|18663930180| 女|
+----+---------+------+-----------+---+
only showing top 5 rows
```

图 5-94

（2）fill：使用指定的值替换指定空值列的值（见图 5-95）

```
def fill(valueMap: Map[String, Any]): DataFrame
    (Scala-specific) Returns a new DataFrame that replaces null values.
```

图 5-95

通过传入指定空值列列名以及该空值列替换值组成的 Map 对象传入 fill 方法来替换指定空

119

值列的值。

fill 方法前 DataFrame 对象（df）内容展示（见图 5-96）：

```
df.show(5)
```

图 5-96

```
df.na.fill(Map(("age",12),("institute","cailiao"))).show(5)
```

将指定值替换指定空值列的空值，如图 5-97 所示。

图 5-97

第 6 章
Spark SQL支持的多种数据源

通过上一章节的学习，我们了解关于 Spark SQL 的基本概念，并学习了 Spark SQL 接口的编程细节，相信读者已经具备在 Spark 上，引入 Spark SQL 高级模块对结构化、半结构化数据进行处理的能力。接下来的这章将介绍 Spark SQL 可处理的各种数据源，包括 Hive 表、JSON 和 Parquet 文件等，从广度上使读者了解 Spark SQL 在大数据领域对典型结构化数据源的皆可处理性，从而使读者真正在工作中掌握一门结构化数据的分析利器。

6.1 概述

Spark SQL 支持通过 DataFrame 接口对各种数据源进行操作。DataFrame 可以使用关系转换操作（关系转化操作指的是 map、filter 这样的 DataFrame 转换算子操作，同 RDD 的转换操作一样是惰性求值），也可用于创建临时视图，将 DataFrame 注册为临时视图进而对数据运行 SQL 查询。

本节介绍使用 Spark 数据源加载和保存数据的一般方法，然后介绍可用于内置数据源的特定选项。

6.1.1 通用 load/save 函数

Spark SQL 的默认数据源格式为 parquet 格式。数据源为 Parquet 文件时，Spark SQL 可以方便地进行读取，甚至可以直接在 Parquet 文件上执行查询操作。修改配置项 spark.sql.sources.default，可以修改默认数据源格式。

以下示例通过通用的 load\save 方法对 parquet 文件进行读取、存储：

```
val usersDF =
sparkSession.read.load("examples/src/main/resources/users.parquet")
usersDF.select("name",
"favorite_color").write.save("namesAndFavColors.parquet")
```

正如前面所讲的，sparkSession 是 Spark SQL 的编程主入口，在读取数据源时，需要调用 sparkSession.read 方法返回一个 DataFrameReader 对象，进而通过其提供的读取各种结构化数据源的方法读取数据源，其中包括通用的 load 方法，返回的是 DataFrame 对象。

同样地，在上例第二行通过 DataFrame.write 方法返回了一个 DataFrameWriter 对象，进而调用其通用 save 方法，将 DataFrame 对象以 parquet 文件格式来存储。

术语解析：Parquet 是面向分析型业务的列式存储格式，由 Twitter 和 Cloudera 合作开发，2015 年 5 月从 Apache 的孵化器里毕业成为 Apache 顶级项目。

Parquet 是典型的列式存储格式，和行式存储相比有哪些优势呢（使得 Spark SQL 将 Parquet 作为默认的数据源格式）？

（1）可以跳过不符合条件的数据，只读取需要的数据，降低 IO 数据量。

（2）压缩编码可以降低磁盘存储空间。由于同一列的数据类型是一样的，可以使用更高效的压缩编码（例如 Run Length Encoding 和 Delta Encoding）进一步节约存储空间。

（3）只读取需要的列，支持向量运算，能够获取更好的扫描性能。

当时 Twitter 的日增数据量达到压缩之后的 100TB+，存储在 HDFS 上，工程师会使用多种计算框架（例如 MapReduce, Hive, Pig 等）对这些数据做分析和挖掘；日志结构是复杂的嵌套数据类型，例如一个典型的日志的 schema 有 87 列，嵌套了 7 层。所以需要设计一种列式存储格式，既能支持关系型数据（简单数据类型），又能支持复杂的嵌套类型的数据，同时能够适配多种数据处理框架。

关系型数据的列式存储，可以将每一列的值直接排列下来，不用引入其他的概念，也不会丢失数据。关系型数据的列式存储比较好理解，而嵌套类型数据的列存储则会遇到一些麻烦。如图 6-1 所示，我们把嵌套数据类型的一行叫作一个记录（record)，嵌套数据类型的特点是一个 record 中的 column 除了可以是 Int, Long, String 这样的原语（primitive）类型以外，还可以是 List, Map, Set 这样的复杂类型。在行式存储中一行的多列是连续的写在一起的，在列式存储中数据按列分开存储，例如可以只读取 A.B.C 这一列的数据而不去读 A.E 和 A.B.D，那么如何根据读取出来的各个列的数据重构出一行记录呢？

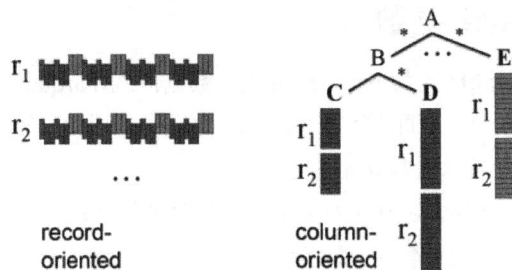

图 6-1　行式存储和列式存储

Google 的 Dremel 系统解决了这个问题，核心思想是使用"record shredding and assembly algorithm"来表示复杂的嵌套数据类型，同时辅以按列的高效压缩和编码技术，实现降低存储空间，提高 IO 效率，降低上层应用延迟。Parquet 就是基于 Dremel 的数据模型和算法实现的。

6.1.2　手动指定选项

当数据源不是 parquet 格式文件时，需要手动指定数据源的格式。数据源格式需指定全名（如 org.apache.spark.sql.parquet），如果数据源为内置格式，则只需指定简称（json，parquet，jdbc，orc，libsvm，csv，text ）即可。通过指定数据源格式名,还可以对 DataFrame 进行类型转换操作。

如下示例是将原为 JSON 格式的数据源转储为 Parquet 格式文件：

```
val peopleDF =
spark.read.format("json").load("examples/src/main/resources/people.json")peopl
eDF.select("name", "age").write.format("parquet").save("namesAndAges.parquet")
```

6.1.3　在文件上直接进行 SQL 查询

相比于使用 read API 将文件加载到 DataFrame 并对其进行查询，还可以使用 SQL 直接查询该文件。示例如下：

```
val sqlDF = spark.sql("SELECT * FROM
parquet.`examples/src/main/resources/users.parquet`")
```

需要注意的是在使用 SQL 直接查询 Parquet 文件时，需加 parquet.标识符和 Parquet 文件所在路径。

6.1.4　存储模式

保存操作可以选择使用存储模式（SaveMode），从而指定如何处理现有数据（如果存在），例如将数据追加到文件或者是覆盖文件内容，如表 6-1 所示。需要注意的是，要意识到这些保存模式不会使用任何锁定，也不是原子的。另外，当执行覆盖时，在写入新数据之前，数据将被删除。

表 6-1

Scala/Java	Any Language	Meaning
SaveMode.ErrorIfExists(default)	"error"(default)	将 DataFrame 保存到数据源时，如果数据已经存在，则会抛出异常
SaveMode.Append	"append"	将 DataFrame 保存到数据源时，如果数据/表已存在，则 DataFrame 的内容将被附加到现有数据中
SaveMode.Overwrite	"overwrite"	覆盖模式意味着将 DataFrame 保存到数据源时，如果数据表已经存在，则预期 DataFrame 的内容将覆盖现有数据
SaveMode.Ignore	"ignore"	忽略模式意味着当将 DataFrame 保存到数据源时，如果数据已经存在，则保存操作预期不会保存 DataFrame 的内容，并且不更改现有数据这与 SQL 中的 CREATE TABLE IF NOT EXISTS 类似

以下是存储模式运用示例，通过 mode（）方法设置数据写入指定文件的存储模式：

```
people2DF.select("name",
"age").write().mode(SaveMode.Append).save("hdfs://hadoop1:9000/output/namesAnd
Ages.parquet");
```

6.1.5　持久化到表

DataFrame 也可以使用 saveAsTable（）方法作为持久表保存到 Hive metastore 中。需要注意的，即使用户并没有在集群中部署现有的 Hive 数据仓库以供持久表的存储，也可以使用该功能，因为 Spark 将为你创建默认的本地 Hive metastore（使用 Derby）。与 createOrReplaceTempView（）方法不同，saveAsTable（）将实现 DataFrame 的内容，并创建一个指向 Hive metastore 中指定持久表的数据的指针。只要保持与同一个 metastore 的连接，即使在 Spark 程序重新启动后，持久性表仍然存在。可以通过调用 SparkSession 上的 table（"table_name"）方法通过指定持久化表的表名来重新创建持久表的对应的 DataFram 对象。

对于基于文件的数据源，例如文本文件，parquet 文件、json 文件等，也可以通过路径选项自定义指定表的存储路径，例如 peopleDF.write.option.("path","examples/src/main/resources/people.parquet").saveAsTable("people")。当表被删除时，自定义表路径将不会被删除，并且表数据仍然存在。如果未指定自定义表路径，Spark 将将数据写入 Hi 仓库目录下的默认表路径。当表被删除时，默认的表路径也将被删除。

从 Spark 2.1 开始，持久性数据源表将表的每个分区的元数据分开存储在 Hive metastore 中。这带来了几个好处：

- 由于 metastore 可以仅返回查询涉及到的必要的分区数据，所以不必再为每一个查询都遍历查询表的所有数据。
- 涉及到表的分区 Hive DDL 语句，如 ALTER TABLE PARTITION ... SET LOCATION，现在可用于使用 Datasource API 创建的表。

注意，在创建外部数据源表（带有路径选项的表）时，默认情况下不会收集分区信息。要同步转移中的分区信息，可以调用 MSCK 重新建立表的分区信息。

6.1.6　bucket、排序、分区操作

对于基于文件的数据源，可以根据需求对输出进行 bucket（bucket（桶）操作是指将表或分区中指定列的值为 key 进行 hash，hash 到指定的桶中，这样可以支持高效采样工作，提升某些查询操作效率，如：mapside join）、sort 和 partion 操作。Bucketing 和 sorting 仅适用于持久化表对持久化表按 name 列进行桶操作，并指定生成桶（容器）个数为 42 个，且按 age 对数据排序：

```
peopleDF.write.bucketBy(42,
"name").sortBy("age").saveAsTable("people_bucketed")
```

将 DataFrame 对象存储为按照 favorite_color 列值分区的 parquet 文件：

```
usersDF.write.partitionBy("favorite_color").format("parquet").save("namesPartB
```

```
yColor.parquet")
```

对持久化表组合进行分区操作、桶操作：

```
peopleDF
  .write
  .partitionBy("favorite_color")
  .bucketBy(42, "name")
  .saveAsTable("people_partitioned_bucketed")
```

本小节介绍的重点是 Spark SQL 同样地可以支持，在关系型数据库对表内数据根据业务需求划分管理存储进而提升对应的查询效率的 bucket（hive 桶操作）、排序、分区这样的操作。至于怎样根据实际的业务需求，对表进行合理地排序、分区操作来提升相应的查询效率，读者可以进一步查阅数据库书籍中的数据的排序、分区来学习。

6.2　典型结构化数据源

Spark SQL 支持许多种结构化数据源，这些数据源主要包括 Parquet 文件、JSON 数据集、Hive 表和其他传统关系型数据库内的数据表。

以下分别针对此四种数据源进行详细的解释说明。

6.2.1　Parquet 文件

Parquet 是一种流行的列式存储格式，可以高效存储具有嵌套字段的记录（传统关系型数据库并不支持具有嵌套字段记录，强调严格的二维表结构）。Parquet 格式经常在 Hadoop 生态圈中被使用，它也支持 Spark SQL 的全部数据类型。Spark SQL 提供了直接读取和存储 Parquet 格式文件的方法。

```
//正如前面所述，DataFrame 对象创建过程中需要提供对应类的编码器，常见类的编码器可以通过导入
spark.implicits._自动提供
import spark.implicits._
val peopleDF = sparkSession.read.json("examples/src/main/resources/people.json")
// peopleDF（DataFrame 对象）保存为 parquet 文件时，依然会保留着结构信息（Schema）
peopleDF.write.parquet("people.parquet")
// 读取上述创建的 parquet 文件
// Parquet 文件是自描述的，所以结构信息被保留
// 读取一个 parquet 文件的结果是一个已具有完整结构信息的 DataFrame 对象
val parquetFileDF = sparkSession.read.parquet("people.parquet")
//除了上面所提到的直接在 Parquet 文件上进行 SQL 查询，Parquet 文件也可以用来创建一个临时视图，
然后在 SQL 语句中使用
parquetFileDF.createOrReplaceTempView("parquetFile")
val namesDF = spark.sql("SELECT name FROM parquetFile WHERE age BETWEEN 13 AND 19")
```

```
namesDF.map(attributes => "Name: " + attributes(0)).show()
// +------------+
// |       value|
// +------------+
// |Name: Justin|
// +------------+
```

1. 分区发现（Partition Discovery）

根据特征列对表内数据进行分区是在像 Hive 这样的系统中使用的常见的优化方法。在分区表中，不同分区的数据通常存储在不同的目录中，将数据分区的特定列值在被编码之后存储在每个分区目录的路径中作为表数据不同分区的标识。Parquet 数据源现在可以自动发现和推断分区信息。

例如，我们可以使用以下目录结构将所有以前使用的人口数据存储到分区表中，其中包含两个额外的分区列，分别列为 gender 和 country：

```
path
└── to
    └── table
        ├── gender=male
        │   ├── ...
        │   │
        │   ├── country=US
        │   │   └── data.parquet
        │   ├── country=CN
        │   │   └── data.parquet
        │   └── ...
        └── gender=female
            ├── ...
            │
            ├── country=US
            │   └── data.parquet
            ├── country=CN
            │   └── data.parquet
            └── ...
```

通过将"path / to / table"分区表根存储路径传递给 SparkSession.read.parquet 或 SparkSession.read.load 方法，Spark SQL 将自动从路径中提取分区信息，并识别数据表的结构信息来创建 DataFrame 对象。在返回的 DataFrame 对象上调用 printSchema（）方法，可看到结构信息：

```
root
|-- name: string (nullable = true)
|-- age: long (nullable = true)
|-- gender: string (nullable = true)
```

```
|-- country: string (nullable = true)
```

需要注意，分区列的数据类型是自动推断的。 目前支持数字数据类型和字符串类型。 有时用户可能不希望自动推断分区列的数据类型。 对于这些用例，自动类型推断可以通过 spark.sql.sources.partitionColumnTypeInference.enabled 进行配置，默认为 true。当禁用类型推断时，字符串类型将用于分区列。

从 Spark 1.6.0 开始，默认情况下，分区发现功能仅支持在给定路径下寻找分区。 对于上面的例子，如果用户将 path / to / table / gender = male 传递给 SparkSession.read.parquet 或 SparkSession.read.load，性别不会被视为分区列。如果用户需要指定启动分区发现的基本路径，则可以在数据源选项中设置 basePath。 例如，当 path / to / table / gender = male 是数据的路径，并且用户将 basePath 设置为 path / to / table /时，性别将是分区列。

2. 模式合并（Schema Merging）

像 ProtocolBuffer、Avro 和 Thrift 一样，Parquet 同样支持模式演进。 用户可以从一个简单的 Schema 开始，并根据需要逐渐向 Schema 添加更多的列。 以这种方式，用户可能会使用不同但相互兼容的 Schema 的多个 Parquet 文件。 Parquet 数据源现在能够自动检测这种情况并合并所有这些文件的模式。

由于模式合并是一个相对昂贵的操作，并且在大多数情况下不是必需的，所以我们从 1.5.0 开始默认关闭它。 你可以通过以下两种方式开启模式合并：

① 在读取 Parquet 文件时，将数据源选项 mergeSchema 设置为 true（如下面的示例所示）。
② 将全局 SQL 选项 spark.sql.parquet.mergeSchema 设置为 true。

```
// 引入 spark.implicits._用于将 RDD 隐式转换为 DataFrame
import spark.implicits._
// 创建一个简单的 DataFrame,包含 value、square 两列，并将其存储到一个分区目录,该分区目录
(key=1) 表示额外的分区列为 key, 对应的值为1
val squaresDF = sparkSession.sparkContext.makeRDD(1 to 5).map(i => (i, i *
i)).toDF("value", "square")
squaresDF.write.parquet("data/test_table/key=1")
// 创建另一个 DataFrame, 包含 value、cube 两列，并将其存储到相同表下的新的分区目录
(data/test_table/key=2), 表示额外的分区列为 key, 对应的值为2
// 增加了一个 cube 列, 去掉了一个已存在的 square 列
val cubesDF = spark.sparkContext.makeRDD(6 to 10).map(i => (i, i * i *
i)).toDF("value", "cube")
cubesDF.write.parquet("data/test_table/key=2")
// 读取完整的分区表，自动实现了两个分区（key=1/2）的合并
val mergedDF = spark.read.option("mergeSchema",
"true").parquet("data/test_table")
mergedDF.printSchema()
// 最终的 Schema 不仅包含两个 Parquet 分区文件出现的所有三列
// 还包含了作为分区目录的额外分区列 key
```

```
/ root
// |-- value: int (nullable = true)
// |-- square: int (nullable = true
)// |-- cube: int (nullable = true)
// |-- key: int (nullable = true)
```

3. Hive metastore Parquet 表转换

当向 Hive metastore 中读写 Parquet 表时，Spark SQL 将使用 Spark SQL 自带的 Parquet SerDe（SerDe：Serialize/Deserilize 的简称，目的是用于序列化和反序列化），而不是用 Hive 的 SerDe，Spark SQL 自带的 SerDe 拥有更好的性能。这个优化的配置参数为 spark.sql.hive.convertMetastoreParquet，默认值为开启。

4. Hive 表与 Parquet 文件的 Schema 转化兼容

从表 Schema 处理的角度对比 Hive 和 Parquet，有两个区别：

● Hive 区分大小写，Parquet 不区分大小写。
● Hive 允许所有的列为空，而 Parquet 不允许所有的列全为空。

由于这两个区别，当将 Hive metastore Parquet 表转换为 Spark SQL Parquet 表时，需要将 Hive metastore schema 和 Parquet schema 进行一致化。一致化规则如下：

● 这两个 schema 中的同名字段必须具有相同的数据类型。一致化后的字段必须为 Parquet 的字段类型。这个规则同时也解决了空值的问题。
● 一致化后的 schema 只包含 Hive metastore 中出现的字段。
● 忽略只出现在 Parquet schema 中的字段。
● 只在 Hive metastore schema 中出现的字段设为 nullable 字段，并加到一致化后的 schema 中。

5. 元数据刷新（Metadata Refreshing）

Spark SQL 缓存了 Parquet 元数据以达到良好的性能。当 Hive metastore Parquet 表转换为 enabled 时，表修改后缓存的元数据并不能刷新。所以，当表被 Hive 或其他工具修改时，则必须手动刷新元数据，以保证元数据的一致性。示例如下：

```
// 手动刷新表
sparkSession.catalog.refreshTable("my_table")
```

6. 配置(Configuration)

Parquet 的相关配置选项可以使用 SparkSession 上的 setConf 方法或使用 SQL 查询时通过 SET key = value 设置来完成，如表 6-2 所示。

表 6-2

配置选项	默认值	含义
spark.sql.parquet.binaryAsString	false	一些其他 Parquet 生产系统，特别是 Impala，Hive 和旧版本的 Spark SQL，在写出 Parquet Schema 时不会区分二进制数据和字符串。该标志告诉 Spark SQL 将二进制数据解释为字符串以提供与这些系统的兼容性
spark.sql.parquet.int96AsTimestamp	true	一些 Parquet 生产系统，特别是 Impala 和 Hive，将时间戳存储到 INT96 中。该标志告诉 Spark SQL 将 INT96 数据解释为时间戳以提供与这些系统的兼容性
spark.sql.parquet.cacheMetadata	true	打开 Parquet 模式元数据的缓存。可以加快查询静态数据。
spark.sql.parquet.compression.codec	snappy	设置写入 Parquet 文件时使用的压缩编解码器。可接受的值包括：uncompressed、snappy、gzip、lzo
spark.sql.parquet.filterPushdown	true	设置为 true 时启用 Parquet 过滤器下推优化
spark.sql.hive.convertMetastoreParquet	true	当设置为 false 时，Spark SQL 将对 Parquet 表使用 Hive SerDe 来实现序列化、反序列化，替代内置支持的 SerDe
spark.sql.parquet.mergeSchema	false	如果为 true，则 Parquet 数据源合并从所有数据文件收集的 Schema，否则如果没有摘要文件可用，则从摘要文件或随机数据文件中选取 Schema
spark.sql.optimizer.metadataOnly	true	如果为 true，则启用使用表元数据的仅限元数据查询优化来生成分区列，而不是表扫描。它适用于扫描的所有列都是分区列并且查询具有满足不同语义的聚合运算符的情况

6.2.2 JSON 数据集

Spark SQL 可处理的数据源包括简洁高效，常用于网络传输的 JSON 格式数据集。

Spark SQL 可以自动推断 JSON 数据集的结构信息（Schema），并将其作为 DataSet[Row] 即 DataFrame 对象返回。通过将 Dataset [String]（其中 String 对象是典型的 JSON 格式字符串）或表示 JSON 文件存储位置的路径字符串传入 SparkSession.read.json（）方法中来完成此转换。

需要注意的是，作为 JSON 文件提供的文件不是典型的 JSON 文件。每行必须包含一个单独的，独立的有效的 JSON 对象。有关更多信息，请参阅 JSON Lines 文本格式，也称为换行符分隔的 JSON。

对于常规的多行 JSON 文件，将 multiLine 选项设置为 true。

```
// 通过导入 spark.implicits._，来支持自动生成原始类型(Int,String 等)和 Product 类型(Case
类)的编码器来完成 DataFrame 的生成。
import spark.implicits._
// JSON 数据集通过存储路径进行指定
//路径可以是单个文本文件或存储文本文件的目录
val path = "examples/src/main/resources/people.json"
val peopleDF = spark.read.json(path)
// 推断得到的 Schema 可以使用 printSchema () 方法来显示
peopleDF.printSchema()
// root
//  |-- age: long (nullable = true)
```

129

```
// |-- name: string (nullable = true)
// 使用 DataFrame 创建一个临时视图
peopleDF.createOrReplaceTempView("people")
// SQL 语句可以通过使用 spark 提供的 sql 方法来运行
val teenagerNamesDF = spark.sql("SELECT name FROM people WHERE age BETWEEN 13 AND
19")
teenagerNamesDF.show()
// +------+
// |  name|
// +------+
// |Justin|
// +------+
// 或者，可以为由 DataSet[String] 表示的 JSON 数据集创建一个 DataFrame，每个字符串存储一个
JSON 对象
val otherPeopleDataset = spark.createDataset(
  """{"name":"Yin","address":{"city":"Columbus","state":"Ohio"}}""" :: Nil)
val otherPeople = spark.read.json(otherPeopleDataset)otherPeople.show()
// +---------------+----+
// |        address|name|
// +---------------+----+
// |[Columbus,Ohio]| Yin|
// +---------------+----+
```

6.2.3 Hive 表

Spark SQL 支持的数据源中还包括读取和写入存储在 Apache Hive 数据仓库中的数据表。

1. 编程前必要的准备——在 Spark 上激活 Hive

为了让 Spark SQL 能够连接到已部署好的 Hive 数据仓库，我们需要将 hive-site.xml（hive 配置文件）以及 core-site.xml（Hadoop 配置文件）和 hdfs-site.xml（hdfs 配置文件）这几个配置文件放在$SPARK_HOME/conf /目录下，这样就可以通过这些配置文件找到 Hive 元数据库以及数据的实际存放位置了。

没有在 Spark 集群中部署 Hive 数据仓库的用户仍然可以启用 Hive 支持。当 hive-site.xml 未配置时，首先上下文会自动在当前目录下创建 metastore_db（Hive 元数据库），并创建由 spark.sql.warehouse.dir 指定的用于实际存储 Hive 中数据文件的存储目录。

需要注意的，自从 2.0.0 以来，hive-site.xml 中的 hive.metastore.warehouse.dir 属性已被弃用。而是使用 spark.sql.warehouse.dir 来指定 Hive 数据仓库中数据库的默认位置。

2. 正式读取 Hive 数据表

在上一步指定了已部署好的 Hive 元数据库（或创建了一个本地模式的 Hive 数据仓库）后，我们可以在此基础上引入 Spark SQL 模块访问 Hive 中的数据表。

正如以下示例，当在 Spark SQL 模块下使用 Hive 表时，首先需要在实例化 SparkSsssion 对象时，显示指定完全的 Hive 支持。（Spark SQL 提供的 Hive 支持包括了 Hive 的必要部分：能够连接到稳定存在的 Hive metastore（元数据库），支持 Hive serdes 以及 Hive 用户定义函数的使用）。

```
import java.io.File
import org.apache.spark.sql.Row
import org.apache.spark.sql.SparkSession
case class Record(key: Int, value: String)
// warehouseLocation 指向托管数据库和表的默认位置
val warehouseLocation = new File("spark-warehouse").getAbsolutePath
//实例化 SparkSession 对象时需通过 enableHiveSupport()方法显式指定完全的 Hive 支持
val sparkSession = SparkSession
  .builder()
  .appName("Spark Hive Example")
  .config("spark.sql.warehouse.dir", warehouseLocation)
  .enableHiveSupport()
  .getOrCreate()
import spark.implicits._
import spark.sql
//通过 sql 接口在 Hive 中创建 src 表，并将指定位置的原始数据存储 src Hive 表中
sql("CREATE TABLE IF NOT EXISTS src (key INT, value STRING) USING hive")
sql("LOAD DATA LOCAL INPATH 'examples/src/main/resources/kv1.txt' INTO TABLE src")
// 使用 HiveQL 进行查询
sql("SELECT * FROM src").show()
// +---+-------+
// |key|  value|
// +---+-------+
// |238|val_238|
// | 86| val_86|
// |311|val_311|
// ...
// 包含着 Hive 聚合函数 COUNT () 的查询依然被支持
sql("SELECT COUNT(*) FROM src").show()
// +--------+
// |count(1)|
// +--------+
// |   500  |
// +--------+
// SQL 查询的结果本身就是 DataFrame，并支持所有正常的功能。
val sqlDF = sql("SELECT key, value FROM src WHERE key < 10 ORDER BY key")
// DataFrame 中的元素是 Row 类型的，允许按顺序访问每个列。
val stringsDS = sqlDF.map {
  case Row(key: Int, value: String) => s"Key: $key, Value: $value"}
stringsDS.show()
// +--------------------+
// |               value|
// +--------------------+
// |Key: 0, Value: val_0|
// |Key: 0, Value: val_0|
// |Key: 0, Value: val_0|
// ...
// 也可以使用 DataFrame 在 SparkSession 中创建临时视图.
val recordsDF = sparkSession.createDataFrame((1 to 100).map(i => Record(i,
s"val_$i")))
recordsDF.createOrReplaceTempView("records")
// sql 查询中可以对 DataFrame 注册的临时表和 Hive 表执行 Join 连接操作
sql("SELECT * FROM records r JOIN src s ON r.key = s.key").show()
// +---+------+---+------+
// |key| value|key| value|
// +---+------+---+------+
// |  2| val_2|  2| val_2|
// |  4| val_4|  4| val_4|
// |  5| val_5|  5| val_5|
```

// ...

开启 Hive 支持需要大量依赖包（提供了 Hive 的序列化/反序列化以及 UDF 等 Hive 基本功能），这些依赖包并不包含在默认的 Spark Jar 包分发序列中，从而在没有使用 Spark SQL 模块，或没有开启 Hive 支持的情况下避免了不必要的网络传输。但当我们的 Spark 应用中需要 Hive 支持，Spark 会在相应 Jar 包路径下找到 Hive 依赖包，并自动加载它们。需要注意的是，这些 Hive 依赖包也会被分发于所有工作节点上，因为它们将都需要访问 Hive 序列化和反序列化库（SerDes），以访问存储在 Hive 中的数据。

另外，如果在部署 Hive 的时候并没有选用默认的 Derby 元数据库，而是将元数据放在其他关系型数据库中，例如 Mysql，我们还需要在提交任务之前，先准备好 Mysql 相关驱动依赖包，例如 mysql-connector-java-xxxxxx-bin.jar，并在使用 spark-submit 命令提交任务时，通过--jar 参数指定所需依赖 Jar 包。

3. 指定 Hive 表的存储格式

创建 Hive 表时，需要定义如何从/向文件系统读取/写入数据，即"input format"和"output format"。 还需要定义该表如何将数据反序列化为行，或将行序列化为数据，即"serde"。例如， CREATE TABLE src（id int）USING hive OPTIONS（fileFormat'parquet'）通过使用 fileFormat'parquet'定义了 Hive 表将以 parquet 格式写入文件系统。

表 6-3 中的选项可用于指定 Hive 表的存储格式。

表 6-3

属性名	含义
fileFormat	fileFormat 是一种存储格式规范包，包括"serde""input format"和"output format"。目前主要支持 6 个 fileFormats：'sequencefile' 'rcfile' 'orc' 'parquet' 'textfile' 和 'avro'
inputFormat, outputFormat	这两个选项将相应的"InputFormat"和"OutputFormat"类的名称指定为字符串文字，例如，'org.apache.hadoop.hive.ql.io.orc.OrcInputFormat'。这两个选项必须成对出现，如果您已经指定`fileFormat`选项，则不能指定它们
serde	这个选项指定一个 serde 类的名字。 当指定'fileFormat'选项时，如果给定的'fileFormat'已经包含了 serde 的信息，就不要指定这个选项。目前"sequencefile""textfile"和"rcfile"不包含 serde 信息，你可以在这三个 fileFormats 中使用这个选项
fieldDelim, escapeDelim, collectionDelim, mapkeyDelim, lineDelim	这些选项只能用于"textfile" fileFormat，它们定义了如何将分隔文件读入行

用 OPTIONS 定义的所有其他属性将被视为 Hive serde 属性。

默认情况下，我们将以纯文本形式读取表格文件。注意，Hive 存储处理程序在创建表时不受支持，您可以使用 Hive 端的存储处理程序创建一个表，并使用 Spark SQL 来读取它。

4. 与不同版本的 Hive Metastore 进行交互

Spark SQL 的 Hive 支持的最重要的部分之一是与 Hive metastore 进行交互，这使得 Spark SQL 能够访问 Hive 表的元数据。 从 Spark 1.4.0 开始，使用 Spark SQL 的单一二进制构建可以使用下面所述的配置来查询不同版本的 Hive 转移。 请注意，独立于用于与转移点通信的 Hive 版本，内部 Spark SQL 将针对 Hive 1.2.1 进行编译，并使用这些类进行内部执行（serdes，UDF，UDAF 等）。

表 6-4 中的选项可用于配置用于检索元数据的 Hive 版本。

表 6-4

属性名	默认值	含义
spark.sql.hive.metastore.version	1.2.1	HiveMetastore 版本。 可用的选项是 0.12.0 到 1.2.1
spark.sql.hive.metastore.jars	builtin	应该用来实例化 HiveMetastoreClient 的 jar 包的位置。该属性可以是以下选项之一： ● builtin: 使用 Hive 1.2.1，当启用"启用"时，它将与 Spark 程序集捆绑在一起。 当选择这个选项时，spark.sql.hive.metastore.version 必须是 1.2.1 或者没有定义 ● maven: 使用从 Maven 存储库下载的指定版本的 Hive jar。 通常不建议将此配置用于生产部署
spark.sql.hive.metastore.sharedPrefixes	com.mysql.jdbc, org.postgresql, com.microsoft.sqlserver, oracle.jdbc	应该使用在 Spark SQL 和特定版本的 Hive 之间共享的类加载程序加载的类前缀的逗号分隔列表。 应该共享的类的示例是需要与 Metastore 对话的 JDBC 驱动程序。 其他需要共享的类是那些与已经共享的类进行交互的类。 例如，由 log4j 使用的自定义 appender
spark.sql.hive.metastore.barrierPrefixes	(empty)	一个以逗号分隔的类前缀列表，应该针对 Spark SQL 正在与之进行通信的每个 Hive 版本进行显式重载。 例如，Hive UDF 声明的前缀通常是共享的（即 org.apache.spark.*）

6.2.4　其他数据库中的数据表

Spark SQL 的数据源还包括可以使用 JDBC 从其他数据库读取数据表，也可以将 DataFrame 实例对象作为表存入其他数据库。此功能应优于使用 JdbcRDD，这是因为相比于 jdbcRDD，将数据表中数据内容作为 DataFrame 对象返回，不仅可以使用 DataFrame 强大丰富的 API（例如，利用 Spark SQL 提供的 SQL 接口进行便捷地查询）还可以与其他数据源连接，有更大的灵活性。

1. 读取 JDBC 数据源前的准备

需要注意的是，在开始使用之前，需要在 Spark 类路径（SPARK_CLASSPATH）下添加指定数据库的 JDBC 驱动程序的 Jar 包。 例如，要从 Spark Shell 连接到 postgres 数据库时，需运行以下命令：

```
bin/spark-shell --driver-class-path postgresql-9.4.1207.jar --jars
postgresql-9.4.1207.jar
```

需要注意的是，若不是在上述 spark-shell 中进行 JDBC 数据源存取测试，而是在 IDE 中编写程序，通过 spark-submit 提交到 spark 集群运行时，同样需使用--jars 参数上传指定数据库的 JDBC 驱动程序的 Jar 包，或者设置对应的类路径（SPARK_CLASSPATH）并在所有节点的该路径下添加 JDBC 驱动程序的 Jar 包。

2. 正式读取 JDBC 数据源

在 Spark SQL 中读取 JDBC 数据源时，需用户指定对应数据库的 url、用户名、密码以及要读取哪个数据库下的哪张数据表：

```
//在 SparkSession 对象的 read 方法返回的 DataFrameReader 对象上通过 format ("jdbc") 方法
标识读取的是 JDBC 数据源，并通过多个 option ("key","value") 方法组合分别实现 JDBC 必要连接属
性（url、username、password、dbtable），最后通过 load () 方法加载数据表，返回相应数据表内
数据的 DataFrame 对象
val jdbcDF = sparkSession.read
  .format("jdbc")
  .option("url", "jdbc:postgresql:dbserver")
  .option("dbtable", "schema.tablename")
  .option("user", "username")
  .option("password", "password")
  .load()
//读取 JDBC 数据源，除了上述采用多个 option 组合表示连接属性外，也可以将 url、dbtable 这两个连
接属性和包含除 url、dbtable 其他所有连接属性的 Properties 对象，直接传入 jdbc 方法中实现。
//实例化 Properties 类对象，并将添加相应 JDBC 连接属性以键值对形式
val connectionProperties = new Properties()
connectionProperties.put("user", "username")
connectionProperties.put("password", "password")
val jdbcDF2 = sparkSession.read
  .jdbc("jdbc:postgresql:dbserver", "schema.tablename", connectionProperties)
```

3. 将 DataFrame 对象作为表写入其他数据库

```
// 同样地，我们可以在 DataFrame.write 方法返回的 DatatFrameWriter 对象上通过 format
("jdbc") 方法标识 JDBC，并通过多个 option ("key","value") 方法组合分别实现 JDBC 必要连接
属性（url、username、password、dbtable），最后通过 save () 方法将 DataFrame 对象以数据表
的形式写入数据库
jdbcDF.write
  .format("jdbc")
  .option("url", "jdbc:postgresql:dbserver")
  .option("dbtable", "schema.tablename")
```

```
 .option("user", "username")
 .option("password", "password")
 .save()
//与读取 JDBC 数据源相同，也可以将 connectionProperties 对象传入 write.jdbc()方法中来实现
数据表的写入
jdbcDF2.write
 .jdbc("jdbc:postgresql:dbserver", "schema.tablename", connectionProperties)
// 写入数据表时，也可以通过 option 方法指定对应数据库创建该表时列的具体类型信息
jdbcDF.write
 .option("createTableColumnTypes", "name CHAR(64), comments VARCHAR(1024)")
 .jdbc("jdbc:postgresql:dbserver", "schema.tablename", connectionProperties)
```

在上面的读取 JDBC 数据源和将 DataFrame 对象作为表写入特定数据库的实例中，我们只是指定了连接 JDBC 数据源的几个必要连接属性（url、用户名、密码以及数据库库名.数据表名），除了必要的连接属性外，Spark 还支持指定更多的读取、写入相关的可控属性，如表 6-5所示（选项皆不区分大小写）。

表 6-5

属性名	含义
url	要连接到的 JDBC URL。 源特定的连接属性可以在 URL 中指定。例如，jdbc:postgresql://localhost/test?user=fred&password=secret
dbtable	应该读取的 JDBC 表。 请注意，可以使用在 SQL 查询的 FROM 子句中有效的任何内容。 例如，你也可以在括号中使用子查询，而不是一个完整的表
driver	用于连接到此 URL 的 JDBC 驱动程序的类名
partitionColumn, lowerBound, upperBound	如果指定了这三个选项中的任意一个，则这三个选项均需指定。另外，必须指定 numPartition。他们描述了如何从多个工作节点并行读取时对表格进行分区。partitionColumn 必须是相关表中的数字列。请注意，lowerBound 和 upperBound 仅用于决定分区跨度，而不用于过滤表中的行。 所以表中的所有行都将被分区并返回。这个选项只适用于读取表
numPartitions	表格读取和写入中可用于并行的分区的最大数目。这也决定了并发 JDBC 连接的最大数量。如果要写入的分区数量超过此限制，则在写入之前通过调用 coalesce（numPartitions）将其减少到此限制
fetchsize	JDBC 提取大小，它决定每次往返取多少行。这可以帮助默认为低读取大小的 JDBC 驱动程序的（例如，Oracle 默认 10 行）执行性能。这个选项只适用于读取表
batchsize	JDBC 批量大小，用于确定每次往返要插入多少行。这可以帮助 JDBC 驱动程序的性能。这个选项只适用于写入表。它默认为 1000
isolationLevel	事务隔离级别，适用于当前连接。它可以是 NONE, READ_COMMITTED, READ_UNCOMMITTED, REPEATABLE_READ 或 SERIALIZABLE 之一，对应于由 JDBC 的 Connection 对象定义的标准事务隔离级别，默认为 READ_UNCOMMITTED 。 这个选项只适用于写入表 。请参阅 java.sql.Connection 中的文档

135

属性名	含义
truncate	这是一个 JDBC 编写器相关的选项。启用 SaveMode.Overwrite 后，此选项将导致 Spark 截断现有表，而不是删除并重新创建它。这可以更高效，并防止表元数据（例如，索引）被移除。但是，在某些情况下，例如新数据具有不同的模式时，它将不起作用。 它默认为 false。这个选项只适用于写入表
createTableOptions	这是一个 JDBC 编写器相关的选项。 如果指定，则此选项允许在创建表（例如，CREATE TABLE t（name string）ENGINE = InnoDB）时设置数据库特定的表和分区选项。 这个选项只适用于写入表
createTableColumnTypes	创建表时使用的数据库列数据类型，而不是使用默认值。应该使用与 CREATE TABLE 列语法（例如："name CHAR（64），comments VARCHAR（1024）"）相同的格式指定数据类型信息。指定的类型应该是有效的 spark SQL 数据类型。这个选项只适用于写入表

第三部分　实践篇

　　本部分由第 7、8 章组成。第 7 章从功能需求、系统架构、功能设计、数据库结构等方面介绍项目实例系统，帮助读者理解该系统的运行方式。第 8 章前半部分从运行环境搭建、项目代码等方面进一步了解实例系统的工作方式，后半部分则是对 Spark SQL 远程调试方法的介绍。通过这两章的学习，读者应大致掌握 Spark SQL 应用的开发流程。

第 7 章
Spark SQL 工程实战之基于WiFi
探针的商业大数据分析技术

本章将从功能需求、整体架构、数据分析等方面介绍一个较简单的 Spark SQL 应用程序
——基于 WiFi 探针的商业大数据分析，该项目通过布置在商家内的 WiFi 探针收集周边的终
端设备发出的扫描信号并将收集到的数据上传到服务器，在服务器上完成数据处理后，再以图
表或者报表的形式提供给商家，商家可以根据人流量较大的时间制定恰当的营销策略，以降低
运营成本、提高营销效率。

WiFi 探针主要通过终端设备（主要是手机）发出的扫描信号来统计在某一时刻在探针周
围存在多少终端，探针设备可以获取终端设备的 MAC 地址，当前连接的 SSID，以及终端设
备距离探针的大致距离（该距离通过探针接收到终端设备的信号强度近似计算得出）。在这个
手机几乎人手一部的年代，探针设备探测到的终端设备可以近似等于当前探针设备周围的人
数。（关于本项目目标的详细信息可参考软件杯赛题介绍页面 http://www.cnsoftbei.com/bencandy.
php?fid=148&aid=1515）

7.1 功能需求

本节介绍该项目要实现的主要功能：一是通过探针设备采集可监测范围内的手机 MAC 地
址、与探针距离、时间、地理位置等信息；二是探针采集的数据可以定时发送到服务端保存；
三是利用大数据技术对数据进行人流量等指标的分析。最终以合理的方式展示数据处理结果。

7.1.1 数据收集

数据收集由服务器和探针设备共同完成，探针采集数据并发送到服务器，服务器接收探针
设备的数据，处理成一定格式保存至分布式文件系统（HDFS）中，供数据处理使用。下面介
绍探针采集数据的原理。

术语介绍：

- STA:（station）工作站，指手机或者电脑等连接 WiFi 的设备。
- AP:（Access Point）接入点，指无线路由器等产生 WiFi 热点的设备。
- SSID:（Service Set Identifier）服务集标识，就是 WiFi 的名字。

在无线领域中 STA 总是不断试图寻找周边存在的 AP，所以我们可以利用这种特性来发现一个未连接 AP 的 STA，而对于一个已经连接到 AP 的 STA，也可以通过截获它发出的数据帧来获取 MAC、与探针之间的距离和它当前连接的 SSID 等信息。

WiFi 探针定期将收集的数据以 JSON 格式通过 GET 方式发送到数据接收服务器上。

在数据接收服务器上架设 Web 服务、PHP 环境，并使用 PHP 对数据进行第一步处理，将从探针收到的数据进一步格式化为如下格式：

```
{ "tanzhen_id":"00aabbce", mac":"a4:56:02:61:7f:1a",
"time":"1492913100","rssi":"95","range":"1"}
```

可以看出在这种格式的数据中 STA 每一次被探测到都会形成一条记录，当一个终端在一处停留时间很长时，就产生大量冗余数据，使数据量大幅增加，给处理造成不便。

7.1.2　数据清洗

数据清洗过程分两步完成。第一步在数据上传到数据接收服务器上后通过 PHP 完成，即最后存入 HDFS 中的数据已经是经过第一步处理的数据。

探针上传的数据是一种半结构化的数据，例如：

```
{
    "id":    "0010f377",      //嗅探器设备 ID
    "mmac": "5e:cf:7f:10:f3:77", //嗅探器设备自身 WiFi MAC
    "rate": "1", //发送频率
    "wssid":  "kaituo", //嗅探器设备连接的 WiFi 的 SSID
    "wmac": "a8:57:4e:c0:d4:8c", //嗅探器设备连接的 WiFi 的 MAC 地址
    "time": "Sat Jun 04 22:45:28 2016",//时间戳，采集到这些 MAC 的时间
    "lat":    "30.748093",   //北半球，纬度
    "lon":    "103.973083",         //经度
    "addr":       "江苏省南京市玄武大道699-22号", //地址信息
    "data": [{
                    "mac":  "9a:21:6a:7b:62:6a", //采集到的手机 MAC 地址
                    "rssi": "-30",//rssi, 手机的信号强度, 如 rssi=-75dbm
"range": "1.0",//手机距离嗅探器的测距距离字段, 单位米
                    "ts":      "hello", //目标 ssid, 手机连接的 WiFi 的 ssid
                    "tmc":   "00:01:02:03:04:05",
//目标设备的 MAC 地址, 手机连接的 WiFi 的 MAC 地址
                    "tc":      "Y",  //是否与路由器相连
                    "ds":      "N",//手机是否睡眠
                    "essid0":  "七天连锁_wifi"
//手机用户 9a:21:6a:7b:62:6a 曾经连接过的 WiFi 的 SSID
             "essid1": "工商银行"
//手机用户 9a:21:6a:7b:62:6a 曾经连接过的 WiFi 的 SSID
          "essid2":"东方明珠",
        "essid3":"home",
        "essid4":"abcd",
        "essid5":"xiong",
       "essid6":"XX 会馆"
            }, {
                    "mac":  "1c:31:72:5c:83:6b",
```

```
                "rssi":  "-69",
                        "range":  "14.0",
                "ts":     "world",
                "tmc":    "00:01:02:03:04:06",
                "tc":     "Y",
                "ds":     "Y",
        "essid0":   "七天连锁_wifi"
        //手机用户9a:21:6a:7b:62:6a 曾经连接过的 WiFi 的 SSID
        "essid1": "工商银行"
        //手机用户9a:21:6a:7b:62:6a 曾经连接过的 WiFi 的 SSID
        "essid2":"东方明珠",
        "essid3":"home",
        "essid4":"abcd",
        "essid5":"xiong",
        "essid6":"XX 会馆"
        }]
}
```

该数据属于半结构化数据，其中包含探针设备 ID，设备自身 WiFi MAC，发送频率，设备连接的 WiFi 的 SSID，设备连接的 WiFi 的 MAC 地址、时间戳，采集到这些 MAC 的时间、纬度、经度、地址信息，以及一组被探测到的设备信息，设备信息包括手机的 MAC、信号强度、与探针之间的距离、手机连接 WiFi 的 SSID、手机连接的 WiFi 的 MAC 地址、手机曾经连接过的 WiFi 的 SSID，需要在清洗过程中去除所有无用的数据，使之变成结构化的文件，到这里数据清洗的第一步就完成了。

第二步使用 Spark SQL 完成，在这一步中完成时间点到时间段的转化，即在处理之前每一条记录表示一个终端在某一时间点的状态,而在结果中一条记录表示一个终端在一段时间内的状态。

经过数据清洗，不仅大大减小了数据集的容量，也为后续的数据处理提供了极大的方便。

7.1.3　客流数据分析

这一步基于数据清洗的结果，通过对每一个 MAC 地址的数据的分析结果得到客流量、入店量、入店率、来访周期、新老顾客、顾客活跃度、驻店时长、跳出率、深访率等数据。其中，入店率、顾客活跃度、深访率、跳出率可以直观地反映该店铺的营销策略是否合理。例如，100位从门前经过的访客，其中有 60 人进入店铺，则入店率为 60%；若进入店铺的 60 人中有 6人停留时间极短则跳出率为 10%。这些指标可以反映用户体验以及营销策略的不足，给店铺管理者改进策略提供参考。

我们将得到以下指标：

- 客流量：店铺或区域整体客流及趋势。
- 入店量：进入店铺或区域的客流及趋势。
- 入店率：进入店铺或区域的客流占全部客流的比例及趋势。
- 来访周期：进入店铺或区域的顾客距离上次来店的间隔。
- 新老顾客：一定时间段内首次/两次以上进入店铺的顾客。

- 顾客活跃度：按顾客距离上次来访间隔划分为不同活跃度（高活跃度、中活跃度、低活跃度、沉睡活跃度）。
- 驻店时长：进店铺的顾客在店内的停留时长。
- 跳出率：进店铺后很快离店的顾客及占比（占总体客流）。
- 深访率：进店铺深度访问的顾客及占比（占总体客流，可以根据定位轨迹或者停留时长判定）。

7.1.4 数据导出

系统分析结果直接保存为文本文件，保存在 HDFS 中。

分析结果最终会被导入关系型数据库，供后续生成图表使用，该展示系统使用 PHP 做后台，前端使用 HTML 和 JS 生成图表，这部分内容与本书内容无关，故不做介绍，请读者参考相关图书内容进一步深入了解。

7.2 系统架构

在 7.1 节中，我们了解了本工程实例要实现的功能，下面将介绍本工程的系统架构。这个工程的基本流程是：WiFi 探针收集数据并发送到数据接收服务器上，该服务器经过第一步数据清洗后将数据存储到 HDFS 中，然后使用 Spark SQL 进行第二步数据清洗以及数据分析，将结果以文本形式存放至 HDFS 中供后续展示使用。

架构如图 7-1 所示，自上而下分为数据收集、数据存储、数据分析、数据集存储结果展示，数据自上而下流动。

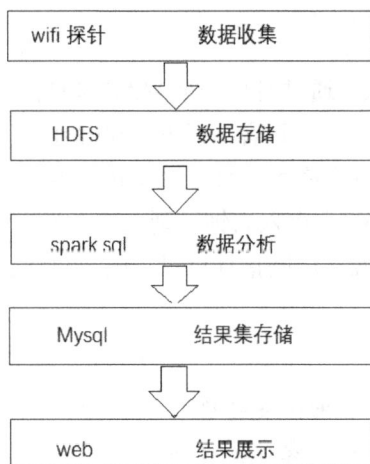

图 7-1

7.3 功能设计

在本节中，我们将详细介绍本项目核心功能（数据）的实现原理，通过将每个指标的处理过程分为两个步骤完成。第一步产生中间结果集，后续所有指标的计算都通过此结果集得出，通过这种方法大大降低了计算所需的资源，具体过程如图 7-2 所示。

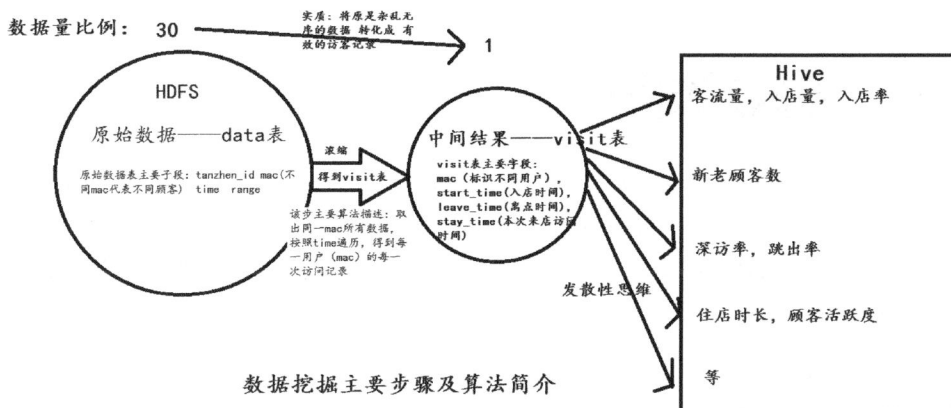

图 7-2

1. 主要算法

（1）data 表→visit 表

data 原始表（tanzhen_id、MAC、time、range）。

visit 表（MAC、start_time、leave_time、stay_time）。

思路点拨：data 表首先抽离出每一个用户（MAC）的数据，对每一个用户数据进行遍历，得到每一个用户每一次的访问记录。

（2）visit 表→客流量、入店量、入店率、来访周期、新老顾客、顾客活跃度、驻店时长、跳出率、深访率

2. 指标说明

（1）店铺外人流走势/客流量/入店量/入店率/离店量

店铺外人流/客流量，在实时接收探针数据过程中根据 range 字段（范围）以及数据条数实时得到。

入店量/离店量是对 visit 表分别按 start_time、leave_time 字段从小到大遍历统计规定时间段内的记录条数。

（2）跳出率/深访率/驻店时长

对 visit 表按 time 字段从小到大遍历统计规定时间段内记录条数 stay_time 小于三分钟

和大于 20 分钟的记录条数以及 stay_time 均值。

（3）新老顾客数/顾客活跃度

对 visit 表按 time 字段排序，按一定时间段遍历，新顾客数等于该时间段结束时刻之前所有的顾客数减去该时间段开始时刻之前所有的顾客数，老顾客数等于该时间段内顾客数减去新顾客数。

7.4 数据库结构

在 7.3 节中，我们了解了本项目的数据处理过程，处理过程中的每一个步骤都至少依赖一张表，本节将介绍项目用到的数据库结构，包括表名和每张表包含的字段名。原始数据表是数据接收服务器最终存储到 HDFS 中的数据，中间结果表是经过第二次数据清洗后的输出结果，数据表说明如下。

原始数据 data 表主要字段：

● tanzhen_id：探针设备的 id。
● mac：用户设备的 MAC。
● time：探测到当前设备的时间。
● range：该设备与探针之间的距离。

中间结果 visitor 表主要字段：

● mac：标识不同用户。
● start_time：用户入店时间。
● leave_time：用户离店时间。
● stay_time：用户停留时间。

除上述两个数据表外，还有存储最终结果集的数据表，这些数据表大致结构相同，每个表中均是时间和指标，在此不再列出。

7.5 本章小结

在功能需求一节，我们分析了本项目需要实现的功能，后续的系统架构、数据库结构等内容都是为实现功能服务的。功能设计一节介绍了整个数据的分析流程。本章是项目的整体概览，在读完本章后应该对项目有一个整体的认识。

第 8 章
第一个Spark SQL应用程序

本章将根据第 7 章中介绍的项目，详细介绍一个 Spark SQL 应用程序的开发过程，解析该样例工程的全部源码。在本章中，将使用到本书所提到的部分知识，希望读者在阅读本章之前对 Spark SQL 的 API 有一定的了解。

8.1 完全分布式环境搭建

在本节中，我们将使用虚拟机搭建用于学习 Spark SQL 的分布式环境，包括 Java 环境配置、Hadoop 安装和 Spark 安装。在阅读本节时可以有所取舍。

8.1.1 Java 环境配置

笔者所用软件版本如下：

- 虚拟机软件：Oracle VirtualBox 5.1.28 r117968 (Qt5.7.1)
- JDK 版本：1.8
- Hadoop 版本：2.7.3
- Spark 版本：2.2.0

虚拟机配置如表 8-1 所示。

表 8-1

操作系统	CPU	内存	硬盘	IP 地址
CentOS7	2core	3GB	100GB	192.168.240.1
CentOS7	1core	2GB	100GB	192.168.240.11
CentOS7	1core	2GB	100GB	192.168.240.12

首先，在虚拟机中安装 JDK，可以使用 rpm 安装或者下载压缩包，解压到安装目录后将 /JAVA_HOME/bin 添加至环境变量即可。

例如：在本例中，将下载的压缩包解压至/opt/java 下，如图 8-1 所示。

```
[root@master java]# pwd
/opt/java
[root@master java]# ls
bin          db        javafx-src.zip   lib        man          release   THIRDPARTYLICENSEREADME-JAVAFX.txt
COPYRIGHT    include   jre              LICENSE    README.html  src.zip   THIRDPARTYLICENSEREADME.txt
```

图 8-1

添加环境变量，修改/etc/profile 文件，执行 vi /etc/profile，在文件末尾添加：

```
export JAVA_HOME=/opt/java
export PATH=$JAVA_HOME/bin:$PATH
export CLASSPATH=.:$JAVA_HOME/lib/dt.jar:$JAVA_HOME/lib/tools.jar
```

保存退出，执行 source /etc/profile 使更改生效。

验证 Java 安装，执行 java -version，若出现图 8-2 所示的效果则表示安装成功。在所有虚拟机上安装完 Java 后即可进行下一步安装。

```
[root@master java]# java -version
java version "1.8.0_121"
Java(TM) SE Runtime Environment (build 1.8.0_121-b13)
Java HotSpot(TM) 64-Bit Server VM (build 25.121-b13, mixed mode)
```

图 8-2

至此，我们在所有虚拟机上安装好了 Java 环境。

8.1.2 Hadoop 安装配置

接下来将安装 Hadoop。首先需要到 http://hadoop.apache.org/下载 Hadoop 的预编译包，笔者使用的是 2.7.3 版本，即 hadoop-2.7.3.tar.gz，解压压缩包，将所有文件复制到 /opt/hadoop 下，再编辑/etc/profile，在末尾添加：

```
export HIVE_HOME=/opt/hive
export PATH=$HIVE_HOME/bin:$PATH
export HADOOP_CLASSPATH=${JAVA_HOME}/lib/tools.jar
```

执行 source /etc/prfile ，使配置生效。

进入 /opt/hadoop/etc/hadoop，开始进行 Hadoop 配置。

在 hadoop-env.sh 中添加：

```
export JAVA_HOME=/opt/java
```

在 core-site.xml 中添加：

```
<configuration>
    <property>
        <name>fs.defaultFS</name>
        <value>hdfs://master:8020/</value>
    </property>
    <property>
        <name>hadoop.tmp.dir</name>
```

```
                <value>file:/opt/hadoop-data/local</value>  <!--建议先手动建好该临时目录
-->
    </property>

</configuration>
```

在 mapred-site.xml 中添加：

```
<configuration>
<property>
<name>mapreduce.framework.name</name>
<value>yarn</value>
</property>
<property>
<name>mapreduce.jobtracker.address</name>
<value>master:9001</value>
</property>
<property>
<name>mapreduce.job.ubertask.enable</name>
<value>true</value>
</property>
<property>
<name>mapreduce.job.ubertask.maxmaps</name>
<value>1200</value>
</property>
<property>
<name>mapreduce.job.ubertask.maxreduces</name>
<value>1</value>
</property>
</configuration>
```

yarn-site.xml 配置如下：

```
<configuration>
    <property>
        <name>yarn.nodemanager.aux-services</name>
        <value>mapreduce_shuffle</value>
    </property>
<!-- Site specific YARN configuration properties -->
<property>
  <name>yarn.resourcemanager.scheduler.class</name>

<value>org.apache.hadoop.yarn.server.resourcemanager.scheduler.fair.FairSchedu
ler</value>
</property>
<property>
```

```
<name>yarn.resourcemanager.hostname</name>
<value>master</value>
</property>
</configuration>


slaves
master
slave1
slave2
```

在 hdfs-site.xml 中添加：

```
<configuration>
  <property>
<name>dfs.replication</name>
<value>1</value>
</property>
<property>
<name>dfs.namenode.name.dir</name>
<value>file:/opt/hadoop-data/name</value>
</property>
<property>
<name>dfs.datanode.data.dir</name>
<value>file:/opt/hadoop-data/data</value>
</property>
<property>
<name>dfs.permissions</name>
<value>false</value>
</property>
</configuration>
```

/etc/hosts 配置如下：

```
192.168.240.1 master
192.168.240.11 slave1
192.168.240.12 slave2
```

需要将上述配置复制至集群中所有的节点，并且需要 master 节点，可以使用 ssh 免密登录所有 slave 节点。

到此，Hadoop 的配置就完成了，此次配置仅为最低可运行配置，仅供熟悉环境、学习等对性能要求不高的情况使用。接下来我们测试 Hadoop 安装是否成功。

在启动集群之前，我们还需要格式化 hdfs 文件系统。

在终端执行 hdfs namenode -format，若回显如图 8-3 所示的信息，则表示执行成功。

```
17/10/10 23:01:53 INFO util.GSet: Computing capacity for map NameNodeRetryCache
17/10/10 23:01:53 INFO util.GSet: VM type       = 64-bit
17/10/10 23:01:53 INFO util.GSet: 0.029999999329447746% max memory 889 MB = 273.1 KB
17/10/10 23:01:53 INFO util.GSet: capacity      = 2^15 = 32768 entries
17/10/10 23:01:53 INFO namenode.FSImage: Allocated new BlockPoolId: BP-627231132-192.168.240.1-1507647713353
17/10/10 23:01:53 INFO common.Storage: Storage directory /opt/hadoop-data/name has been successfully formatted.
17/10/10 23:01:53 INFO namenode.FSImageFormatProtobuf: Saving image file /opt/hadoop-data/name/current/fsimage.ckpt_0000000000000000000
using no compression
17/10/10 23:01:53 INFO namenode.FSImageFormatProtobuf: Image file /opt/hadoop-data/name/current/fsimage.ckpt_0000000000000000000 of size
350 bytes saved in 0 seconds.
17/10/10 23:01:53 INFO namenode.NNStorageRetentionManager: Going to retain 1 images with txid >= 0
17/10/10 23:01:53 INFO util.ExitUtil: Exiting with status 0
17/10/10 23:01:53 INFO namenode.NameNode: SHUTDOWN_MSG:
/************************************************************
SHUTDOWN_MSG: Shutting down NameNode at master/192.168.240.1
```

图 8-3

在/opt/Hadoop/sbin/下执行./start-all.sh，出现如图 8-4 所示的信息，表示启动成功。

```
[root@master hadoop-data]# start-all.sh
This script is Deprecated. Instead use start-dfs.sh and start-yarn.sh
Starting namenodes on [master]
master: starting namenode, logging to /opt/program/hadoop-2.7.3/logs/hadoop-root-namenode-master.out
master: starting datanode, logging to /opt/program/hadoop-2.7.3/logs/hadoop-root-datanode-master.out
Starting secondary namenodes [0.0.0.0]
0.0.0.0: starting secondarynamenode, logging to /opt/program/hadoop-2.7.3/logs/hadoop-root-secondarynamenode-master.out
starting yarn daemons
starting resourcemanager, logging to /opt/program/hadoop-2.7.3/logs/yarn-root-resourcemanager-master.out
master: starting nodemanager, logging to /opt/program/hadoop-2.7.3/logs/yarn-root-nodemanager-master.out
```

图 8-4

这样，Hadoop 就成功启动了。

8.1.3　Spark 安装配置

接下来我们将在 Hadoop 基础上配置 Spark ，访问 http://spark.apache.org/downloads.html ，下载 spark-2.2.0-bin-hadoop2.7.tgz。

将下载的文件解压到/opt/spark 目录下，进入/opt/spark/conf 目录修改配置文件。

在 spark-env.sh 中添加：

```
export HADOOP_CONF_DIR=/opt/hadoop/etc/hadoop/
export YARN_CONF_DIR=/opt/hadoop/etc/hadoop/
export JAVA_HOME=/opt/java/
```

在 slave 中添加：

```
master
slave1
slave2
```

将以上配置复制至所有 slave 节点，Spark 的所有配置就完成了。

之后可以启动集群进行测试，在启动 Spark 之前应该先启动 Hadoop 集群再启动 Spark。

然后，在/opt/spark 目录下执行 ./sbin/start-all.sh，回显如图 8-5 所示。

```
[root@master spark]# ./sbin/start-all.sh
starting org.apache.spark.deploy.master.Master, logging to /opt/spark/logs/spark-root-org.apache.spark.deploy.master.Master-1-master.out
master: starting org.apache.spark.deploy.worker.Worker, logging to /opt/spark/logs/spark-root-org.apache.spark.deploy.worker.Worker-1-ma
ster.out
[root@master spark]#
```

图 8-5

至此，Spark 集群启动完成，可以运行 SparkPi 来验证安装，如图 8-6 所示。

```
[root@master spark]# ./bin/run-example SparkPi 200
17/10/10 23:25:32 INFO spark.SparkContext: Running Spark version 2.2.0
17/10/10 23:25:32 WARN util.NativeCodeLoader: Unable to load native-hadoop library for your platform... using builtin-java classes where
applicable
17/10/10 23:25:33 INFO spark.SparkContext: Submitted application: Spark Pi
```

图 8-6

产生结果如图 8-7 所示。

```
17/10/10 23:25:40 INFO scheduler.DAGScheduler: ResultStage 0 (reduce at SparkPi.scala:38) finished in 3.992 s
17/10/10 23:25:40 INFO scheduler.TaskSchedulerImpl: Removed TaskSet 0.0, whose tasks have all completed, from pool
17/10/10 23:25:40 INFO scheduler.DAGScheduler: Job 0 finished: reduce at SparkPi.scala:38, took 4.495229 s
Pi is roughly 3.141960557098028
17/10/10 23:25:40 INFO server.AbstractConnector: Stopped Spark@7f8b0e3f{HTTP/1.1,[http/1.1]}{0.0.0.0:4040}
17/10/10 23:25:40 INFO ui.SparkUI: Stopped Spark web UI at http://192.168.240.1:4040
17/10/10 23:25:40 INFO spark.MapOutputTrackerMasterEndpoint: MapOutputTrackerMasterEndpoint stopped!
17/10/10 23:25:40 INFO memory.MemoryStore: MemoryStore cleared
17/10/10 23:25:40 INFO storage.BlockManager: BlockManager stopped
17/10/10 23:25:40 INFO storage.BlockManagerMaster: BlockManagerMaster stopped
17/10/10 23:25:40 INFO scheduler.OutputCommitCoordinator$OutputCommitCoordinatorEndpoint: OutputCommitCoordinator stopped!
17/10/10 23:25:41 INFO spark.SparkContext: Successfully stopped SparkContext
17/10/10 23:25:41 INFO util.ShutdownHookManager: Shutdown hook called
17/10/10 23:25:41 INFO util.ShutdownHookManager: Deleting directory /tmp/spark-04e0ffab-ace5-4501-ab9a-1a241c3e2357
```

图 8-7

若产生如图 8-7 所示的结果，就说明 Hadoop 和 Spark 环境已经搭建完成，该环境更适合用于熟悉、学习 Hadoop 和 Spark 环境，并不适用于生产环境，可以在里面运行自己的 Spark 代码。

8.2 数据清洗

在 8.1 节中，我们完成了 Hadoop 和 Spark 环境的搭建，本节我们将详细解析项目代码，主要以代码+注释方式呈现本程序的业务逻辑，当然这只是一个例子，提供 Spark 应用程序开发的参考，你也可以用自己的方式编写、组织程序的结构。

1. 数据清洗的目的

从第 7 章的实例中，我们知道 WiFi 探针通过接收周围 WiFi 终端的扫描信号来发现设备，之后将发现的设备的 MAC 地址提交给数据接收服务器进行下一步处理。服务器接收数据后保存在本地文件中，此时的数据只确定终端在某个时间点是否可以被探测到以及距离探针的距离，而不能确定该设备在探针附近停留的时间长短等价值较高的信息。进行数据预处理则是要将原始的有大量的冗余信息的数据通过一定算法，处理成较小的、价值较高的数据。

2. 数据清洗代码解析

数据预处理过程主要使用对 MAC 和时间的循环实现。首先，使用读入的文件建立全局临时视图。

```scala
//数据清洗
import org.apache.spark.sql.{DataFrame, SQLContext, SparkSession}
import org.apache.spark.rdd.RDD
import org.apache.spark.sql.execution.vectorized.ColumnarBatch.Row
import scala.util.control.Breaks

object new_customer_extract {

  def main(args: Array[String]) {
    val spark = SparkSession
      .builder()
      .appName("customer_extract")
      .config("spark.some.config.option", "some-value")
      .getOrCreate()

    import java.io._

//打开结果存储文件
    val writer = new PrintWriter(new File("/root/re.txt"))
    import spark.implicits._
    //读取源文件
    val df = spark.read.json("hdfs://master:8020/log1/log.log")
    //根据源文件创建视图 "data"，该视图保存在系统存储数据库 "glabal_temp" 中
    df.createOrReplaceTempView("data")
    spark.sql("cache table data")

    //获取所有用户MAC地址
    val macArray = spark.sql("SELECT  DISTINCT mac FROM data").collect()

    var i = 0
    val inner = new Breaks
    val lenth = macArray.length
    //对每一个用户（MAC）进行循环
    while (i < lenth) {
      var resultString = ""
      var mac = macArray(i)(0)
      var sql = "SELECT 'time' from data where mac='"+mac+"'order by'time'"
      val timeArray = spark.sql(sql).collect()

      //由  timeArray 得到 timeList

      import scala.collection.mutable.ListBuffer
      var timeList = new ListBuffer[Int]
      var list_length = timeArray.length
      var j = 0
```

```
    while (j < list_length) {
      //循环 timeList,得到每一个 MAC 的每一次 visit 记录
      timeList += timeArray(i)(0).toString.toInt
      j = j + 1
    }


    var k = 0
    var oldTime = 0
    var newTime = 0
    //maxVisitTimeInterval 表示若前后相邻时间超过该数值即构成一次访问,是两次访问的分割点
    var maxVisitTimeInterval = 300
    var startTime = 0
    var leaveTime = 0
    //timeList 循环开始
    while (k < list_length) {

      if (k == 0) {
        //第一次循环
        oldTime = timeList(0)
        newTime = timeList(0)
        startTime = timeList(0)

      }
      else if (k == (list_length - 1)) {
            //最后一次循环
        leaveTime = timeList(k)
        var stayTime = leaveTime - startTime
        resultString += """{"mac":"""" + mac + """","" + """"in_time":"""" +
startTime + "," + """"out_time":"""" + leaveTime + "," + """"stay_time":"""" + stayTime
+ "}\n"

      } else {
        newTime = timeList(k)


        if ((newTime - oldTime) > maxVisitTimeInterval) {
        //判断当前时间和上一次的时间是否达到分割阈值
          leaveTime = oldTime
          var stayTime = leaveTime - startTime
          resultString += """{"mac":"""" + mac + """","" + """"in_time":"""" +
startTime + "," + """"out_time":"""" + leaveTime + "," + """"stay_time":"""" + stayTime
+ "}\n"
          startTime = newTime
          oldTime = newTime
```

```
    } else {
        oldTime = newTime
    }
    }
    k = k + 1
    }
    //将结果存入文件中
    writer.write(resultString)

    i = i + 1
    }
//将结果集存入文件
    writer.close()
    spark.sql("uncache table data")

    }
}
```

需要注意的是，Spark 读入文件时会将 JSON 数据中的值都归纳为[Any] 类型，所以在使用字符串时需要调用 toString 方法，使用数值类型则需要先调用 toString 再调用 toInt/toFloat/toDouble 方法转换为相应的类型。

在处理前，每一条数据表示某一时间点终端的状态，经过处理之后，一条数据表示某一终端在某一段时间的状态。

到这里数据清洗过程就结束了，在这个过程中去除了大量的冗余数据，接下来的数据处理将在此结果集上进行。

8.3 数据处理流程

在上一节中，我们完成了数据的初步处理，接下来我们将使用这些冗余较小的数据计算以下指标：

● 客流量：店铺或区域整体客流及趋势。
● 入店量：进入店铺或区域的客流及趋势。
● 入店率：通俗一点讲就是在单位时间内，从店铺门口经过的客流量与进入店铺内的客流量的比率。
● 来访周期：进入店铺或区域的顾客距离上次来店的间隔。
● 新老顾客：一定时间段内首次/两次以上进入店铺的顾客。
● 顾客活跃度：按顾客距离上次来访间隔，划分为不同活跃度（高活跃度、中活跃度、低活跃度、沉睡活跃度）。

153

- 驻店时长：进入店铺的顾客在店内的停留时长。

- 跳出率：进入店铺后很快离店的顾客及占比（占总体客流）。

- 深访率：进入店铺深度访问的顾客及占比（占总体客流）。

```scala
//每天的深访率 平均访问时间 新老顾客数 访客总数
import org.apache.spark.sql.{DataFrame, SQLContext, SparkSession}
import org.apache.spark.rdd.RDD
import org.apache.spark.sql.execution.vectorized.ColumnarBatch.Row
import scala.util.Random
import scala.util.control.Breaks

object base_day_analyse {

  def main(args: Array[String]) {
    val spark = SparkSession
      .builder()
      .appName("base_day_analyse")
      .config("spark.some.config.option", "some-value")
      .getOrCreate()
    import spark.implicits._
    val df1 = spark.read.json("/spark_data/visit_records.json")
    df1.createOrReplaceTempView("visit")
    spark.sql("cache table visit")
    // Global temporary view is tied to a system preserved database'zglobal_temp'
    var resultString = ""


    var sql = "SELECT  in_time from visit  order by 'in_time'  "
    var timeList = spark.sql(sql).collect()
    var minTime = timeList (0)(0).toString.toInt
    var maxTime =timeList (timeList.lenth - 1)(0).toString.toInt
    var nowTime = 0;


    var outer = new Breaks

    nowTime = minTime;
    var lastCustomerNum = 0;
    var nowCustomerNum = 0;
    var newCustomerNum = 0;
    var oldCustomerNum = 0;
    var intervalCustomerNum = 0;

    while (nowTime <= maxTime) {
      outer.breakable {
        var jumpNum = 0;
```

```
    var visitNum = 0;
    var deepInNum = 0;
    var avgStayTime = 0;
    var time1 = nowTime;
    var time2 = nowTime + 86400;

    var sql2 = "SELECT  COUNT(DISTINCT mac) num from visit  where 'in_time' >=
" + time1 + " and 'in_time' <= " + time2 + " and  stay_time > 0"; //SQL 语句
    intervalCustomerNum = (spark.sql(sql2).collect()) (0)(0).toString.toInt

    sql2 = "SELECT  COUNT(DISTINCT mac) num from visit where 'in_time' >= " +
minTime + " and 'in_time'<="+time2+"and stay_time>0";//SQL 语句
    nowCustomerNum = (spark.sql(sql2).collect()) (0)(0).toString.toInt

    newCustomerNum = nowCustomerNum - lastCustomerNum;
    oldCustomerNum = intervalCustomerNum - newCustomerNum;

    sql2 = "SELECT  count(*)jump_num from visit  where 'in_time'>="+time1 +"and
'in_time'<="+time2+"and stay_time<=180";//SQL 语句
    jumpNum = (spark.sql(sql2).collect()) (0)(0).toString.toInt

    sql2 = "SELECT  count(*) deep_in_num from visit  where 'in_time' >= " + time1
+ " and 'in_time'<="+time2+"and stay_time >= 1200"; //SQL 语句
    deepInNum = (spark.sql(sql2).collect()) (0)(0).toString.toInt

    sql2 = "SELECT  count(*) visitNum , AVG(stay_time) avg_stay_time from visit
where 'in_time' >= " + time1 + " and 'in_time' <= " + time2 + ""; //SQL 语句
    var row = (spark.sql(sql2).collect()) (0).asInstanceOf[Row]
    visitNum = row.getInt(0)
    avgStayTime = row.getInt(1)

    var jumpRate = (jumpNum.asInstanceOf[Float] /
visitNum.asInstanceOf[Float])
    var deepInRate = (deepInNum.asInstanceOf[Float] /
visitNum.asInstanceOf[Float])
    var formatDeepInRate = f"$deepInRate%1.2f"
    var formatJumpRate = f"$jumpRate%1.2f"
    //每一条 jump 结果 添加到 结果集
    var dayDtring =
      """{"time":""" + time1 + "," +""""jump_out_rate":""" + formatJumpRate +
"," +""""deep_in_rate":""" + formatDeepInRate + "," +""""avg_stay_time":""" +
```

155

```
avgStayTime + "," +""""new_num":""" + newCustomerNum + "," +""""old_num":""" +
oldCustomerNum + "," +""""customer_num":""" + visitNum + "}\n"
      resultString = resultString + dayDtring


    nowTime = nowTime + 86400
    lastCustomerNum = nowCustomerNum
  }


  }


  //将结果集存入文件
  import java.io._
  val writer = new PrintWriter(new File("/sparkdata/base_day_analyse.json"))

  writer.write(resultString)
  writer.close()
  spark.sql("uncache table visit")


  }
}
```

实时客流量：

```
//实时客流量
import org.apache.spark.sql.{DataFrame, SQLContext, SparkSession}
import org.apache.spark.rdd.RDD
import org.apache.spark.sql.execution.vectorized.ColumnarBatch.Row
import scala.util.Random
import scala.util.control.Breaks



object simulation_data_flow_analyse {

  def main(args: Array[String]) {
    val spark = SparkSession
      .builder()
      .appName("flow_analyse")
      .config("spark.some.config.option", "some-value")
      .getOrCreate()
    import spark.implicits._
    val df = spark.read.json("/spark_data/visit_records.json")
```

```
//读入经过预处理后的数据
df.createOrReplaceTempView("visit")//创建 visit 视图
spark.sql("cache table visit")//缓存 visit 视图

// Global temporary view is tied to a system preserved database 'global_temp'
var resultString = ""

var sql = "SELECT  in_time from visit  order by 'in_time'"
var list  =  spark.sql(sql).collect() //获取所有时间
var minTime = list(0)(0).toString.toInt
var maxTime =list (list.lenth - 1)(0).toString.toInt
var nowTime = 0;

var outer = new Breaks

nowTime = minTime;

while (nowTime <= maxTime) {
/*用循环计算每个时间段的客流量，时间粒度为一分钟 */
*即循环变量每次增加60秒
*/
   outer.breakable {
     var comeNum = 0;
     var time1 = nowTime;
     var time2 = nowTime + 60;

     var sql2 = "SELECT  count(*) num from visit  where 'in_time' >= " + time1
+ " and 'in_time' <= " + time2 + ""; //SQL 语句
     comeNum = (spark.sql(sql2).collect()) (0)(0).toString.toInt

     if (comeNum == 0) {
       nowTime = nowTime + 60;
       outer.break;
     }

     var flowNum = comeNum;
     var time = time1;
     var rand = new Random;
     var i = rand.nextInt(7) + 4;
     flowNum = flowNum * i;

     //将每一条 flow 结果添加到结果集
     var vistString =
       """{"time":"""" + time + "," +""""num":"""" + flowNum + "}\n"
```

157

```
      resultString = resultString + vistString


      nowTime = nowTime + 60;
    }

  }


  //将结果集存入文件
  import java.io._
  val writer = new PrintWriter(new File("/sparkdata/people_flow.json"))
  spark.sql("uncache table visit")
  writer.write(resultString)
  writer.close()


  }
}
```

入店量与入店率，这两个指标根据实时访客数和人流量统计结果计算：

```
//入店率

import org.apache.spark.sql.{DataFrame, SQLContext, SparkSession}
import org.apache.spark.rdd.RDD
import org.apache.spark.sql.execution.vectorized.ColumnarBatch.Row
import scala.util.Random
import scala.util.control.Breaks


object come_in_analyse {

  def main(args: Array[String]) {
    val spark = SparkSession
      .builder()
      .appName("come_in_analyse")
      .config("spark.some.config.option", "some-value")
      .getOrCreate()
    import spark.implicits._
    val df1 = spark.read.json("/spark_data/visit_records.json")//读入访客记录
    df1.createOrReplaceTempView("visit")
```

```
spark.sql("cache table visit")//缓存 visit 表
val df2 = spark.read.json("/spark_data/people_flow.json")//读入实时人流量
df2.createOrReplaceTempView("people_flow")
spark.sql("cache table people_flow")
var resultString = ""


var sql = "SELECT  in_time from visit  order by 'in_time'  "
var timeList = spark.sql(sql).collect()
var minTime = timeList (0)(0).toString.toInt
var maxTime =timeList (timeList.lenth - 1)(0).toString.toInt


var nowTime = 0;

var outer = new Breaks

nowTime = minTime;

while (nowTime <= maxTime) {
  outer.breakable {
    var comeNum = 0;
    var time1 = nowTime;
    var time2 = nowTime + 60;

    var sql2 = "SELECT  count(*) num from visit   where 'in_time' >= " + time1
+ " and 'in_time' <= " + time2 + ""; //SQL 语句
    comeNum = (spark.sql(sql2).collect()) (0)(0).toString.toInt

    if (comeNum == 0) {
      nowTime = nowTime + 60;
      outer.break;
    }

    var sql3 = "SELECT  num from people_flow   where 'time' = " + time1 + "";
//SQL 语句
    var peopleFlowNum = (spark.sql(sql3).collect()) (0)(0).toString.toInt

    var inRate = (comeNum.asInstanceOf[Float] /
peopleFlowNum.asInstanceOf[Float])
    var formatInRate = f"$inRate%1.2f"

    //将每一条 jump 结果添加到结果集
    var inString =
      """{"time":""" + time1 + "," +""""num":""" + comeNum + "," +""""in_rate":"""
```

```
+ formatInRate + "}\n"
      resultString = resultString + inString


    nowTime = nowTime + 60;
  }

  }



  //将结果集存入文件
  import java.io._
  val writer = new PrintWriter(new File("/sparkdata/come_in_shop.json"))

  writer.write(resultString)
  writer.close()
  spark.sql("uncache table visit")//释放缓存
  spark.sql("uncache table people_flow")
  }
}
```

实时离店数：

```
//离店数
import org.apache.spark.sql.{DataFrame, SQLContext, SparkSession}
import org.apache.spark.rdd.RDD
import org.apache.spark.sql.execution.vectorized.ColumnarBatch.Row
import scala.util.Random
import scala.util.control.Breaks



object leave_analyse {

  def main(args: Array[String]) {
    val spark = SparkSession
      .builder()
      .appName("leave_analyse")
      .config("spark.some.config.option", "some-value")
      .getOrCreate()
    import spark.implicits._
    val df = spark.read.json("/spark_data/visit_records.json")
    df.createOrReplaceTempView("visit")
    spark.sql("cache table visit")
```

```
    var resultString = ""
        import java.io._
    val writer = new PrintWriter(new File("/sparkdata/leave_num.json"))

    var sql = "SELECT  out_time from visit  order by 'in_time'  "
    var timeList = spark.sql(sql).collect()
    var minTime = timeList (0)(0).toString.toInt
    var maxTime =timeList (timeList.lenth - 1)(0).toString.toInt
    var nowTime = 0


    var outer = new Breaks


    nowTime = minTime


    while (nowTime <= maxTime) {
      outer.breakable {
        var leave_num = 0
        var time1 = nowTime
        var time2 = nowTime + 300

        var sql2 = "SELECT  count(*) num from visit   where 'out_time' >= " + time1
+ " and 'out_time' <= " + time2 + ""; //SQL 语句
        leave_num = spark.sql(sql2).collect() (0)(0).toString.toInt

        if (leave_num == 0) {
          nowTime = nowTime + 300
          outer.break
        }



        //每一条 jump 结果 添加到 结果集
        var leaveString =
          """{"time":""" + time1 + "," +""""num":""" + leave_num + "}\n"
        resultString = resultString + leaveString
        writer.write(resultString)
        resultString = ""

      nowTime = nowTime + 300
      }


    }


    //将结果集 存入 文件
```

```
    spark.sql("unscache table visit")
    writer.close()


  }
}
```

跳出率与跳出数：

```
import org.apache.spark.sql.{DataFrame, SQLContext, SparkSession}
import org.apache.spark.rdd.RDD
import org.apache.spark.sql.execution.vectorized.ColumnarBatch.Row
import scala.util.Random
import scala.util.control.Breaks



object jump_analyse {

  def main(args: Array[String]) {
    val spark = SparkSession
      .builder()
      .appName("jump_analyse")
      .config("spark.some.config.option", "some-value")
      .getOrCreate()

    import spark.implicits._
    import java.io._
    val writer = new PrintWriter(new File("/sparkdata/jump_rate.json"))
    val df = spark.read.json("/spark_data/visit_records.json")
    df.createOrReplaceTempView("visit")
    spark.sql("cache table visit")

    // Global temporary view is tied to a system preserved database 'global_temp'
    var resultString = ""


    var sql = "SELECT  in_time from visit  order by 'in_time' "
    var timeList = spark.sql(sql).collect()
    var minTime = timeList (0)(0).toString.toInt
    var maxTime =timeList (timeList.lenth - 1)(0).toString.toInt
    var nowTime = 0;

    var outer = new Breaks
```

```
    nowTime = minTime;

    while (nowTime <= maxTime) {
      outer.breakable {
        var jumpNum = 0;
        var visitNum = 0;
        var time1 = nowTime;
        var time2 = nowTime + 300;

        var sql2 = "SELECT  count(*) num from visit   where 'in_time' >= " + time1
+ "and 'in_time'<= " + time2 + ""; //SQL 语句
        visitNum = (spark.sql(sql2).collect()) (0)(0).toString.toInt

        if (visitNum == 0) {
          nowTime = nowTime + 300;
          outer.break;
        }

        var sql3 = "SELECT  count(*) num from visit   where 'in_time' >= " + time1
+ " and 'in_time' <= " + time2 + " and stay_time <= 180"; //SQL 语句
        jumpNum = (spark.sql(sql3).collect()) (0)(0).toString.toInt

        var jumpRate = (jumpNum.asInstanceOf[Float] /
visitNum.asInstanceOf[Float])
        var formatJumpRate = f"$jumpRate%1.2f"

        //将每一条 jump 结果添加到结果集
        var jumpString =
          """{"time":"""" + time1 + "," +""""jump_rate":"""" + formatJumpRate + ","
+""""jump_num":"""" + jumpNum + "," +""""visit_num":"""" + visitNum + "}\n"
        resultString = resultString + jumpString
        writer.write(resultString)
        resultString=""

        nowTime = nowTime + 300;
      }

    }


    //将结果集存入文件


    spark.sql("uncache table visit")
```

```
writer.close()

} }
```

以上就是本项目的全部代码，几个处理过程结构大致相同，基本就是读取元数据并打开输出文件→处理数据→将结果写入文件并关闭文件。在这种结构中，我们可以相对自由地改变程序的执行过程。

8.4 Spark 程序远程调试

在前几节中我们学习了一个完整的项目开发流程，在本章中我们将了解如何对 Spark 程序进行远程调试，以帮助我们了解程序的运行状态。

8.4.1 导出 jar 包

在本次开发中，笔者使用在 IDEA 中新建 SBT 项目对代码打包，下面讲解如何在 IDEA 中导出在 Spark 上运行的 jar 包。

首先单击 File→Project Structure 菜单，打开如图 8-8 所示的窗口。

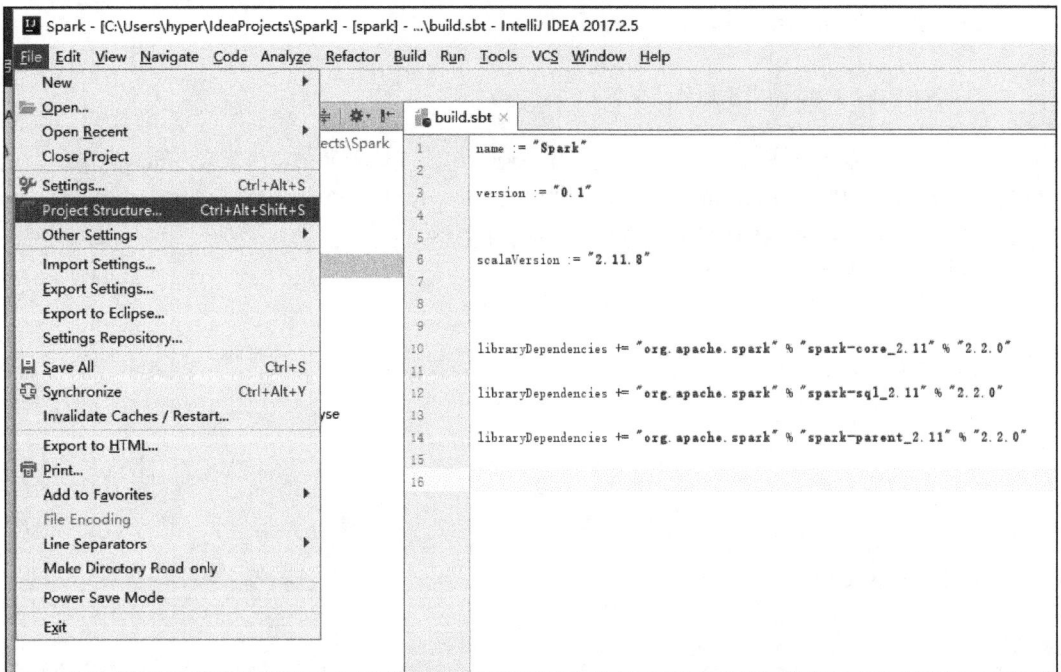

图 8-8

在新窗口中选择 Artifacts，单击 Add 按钮，选择 JAR 标签，在新标签中选择 From modules with dependencies 菜单项，如图 8-9 所示，弹出如图 8-10 所示的对话框。

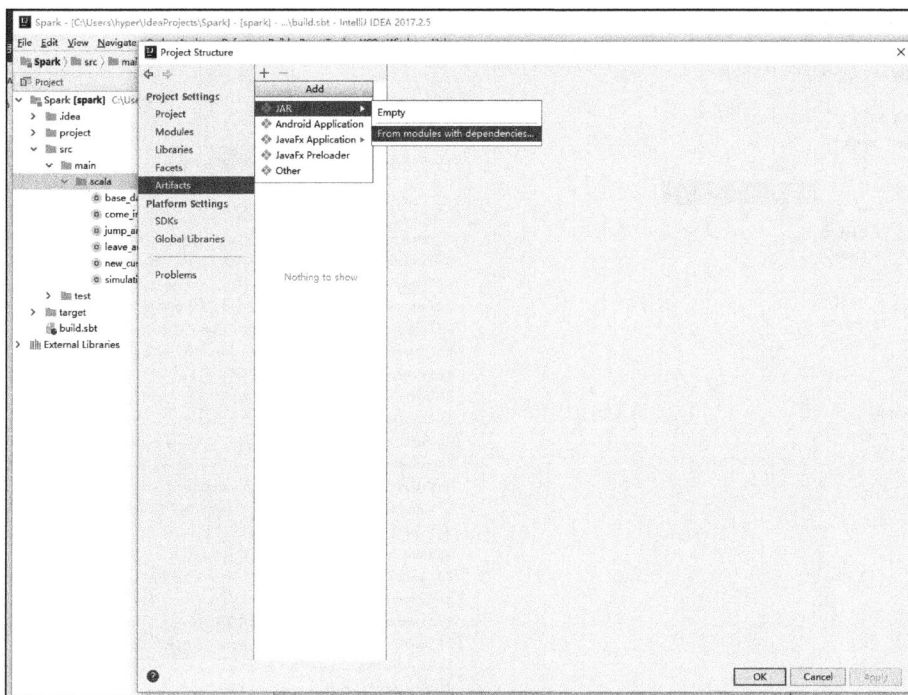

图 8-9

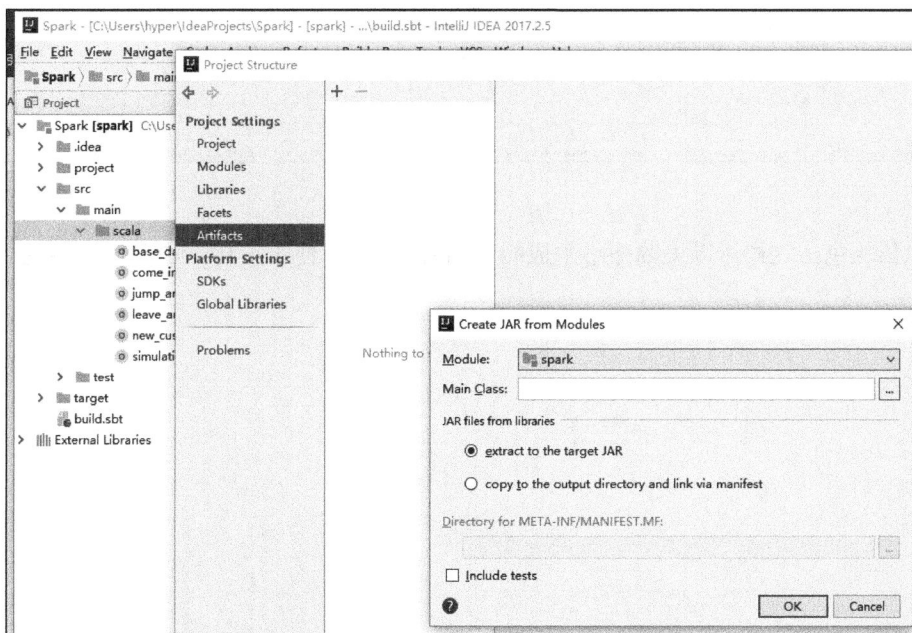

图 8-10

在弹出的窗口中，选择一个主类，以生成 jar 包，如图 8-11 所示。

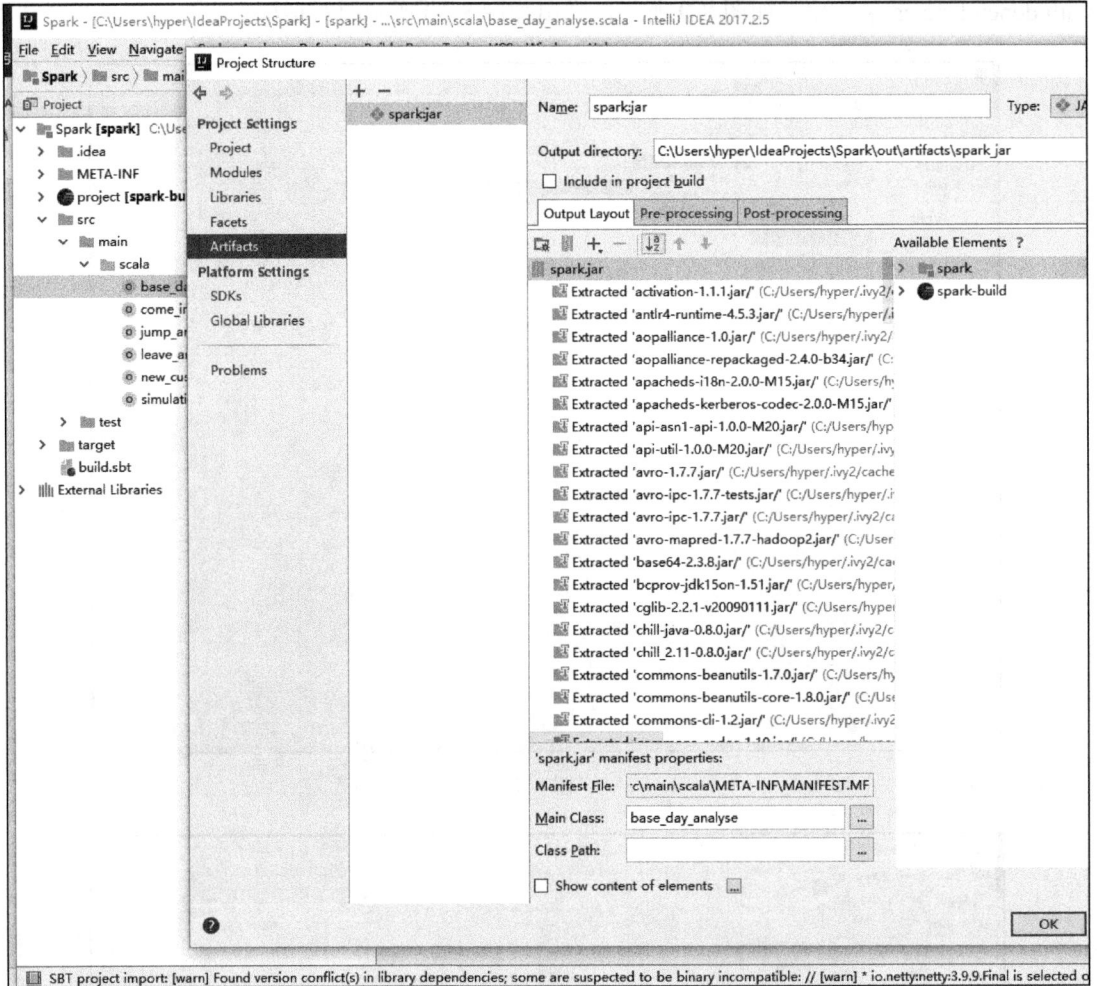

图 8-11

删除依赖包，这样可以大幅缩小生成的 jar 包的容量，便于上传，如图 8-12 所示。

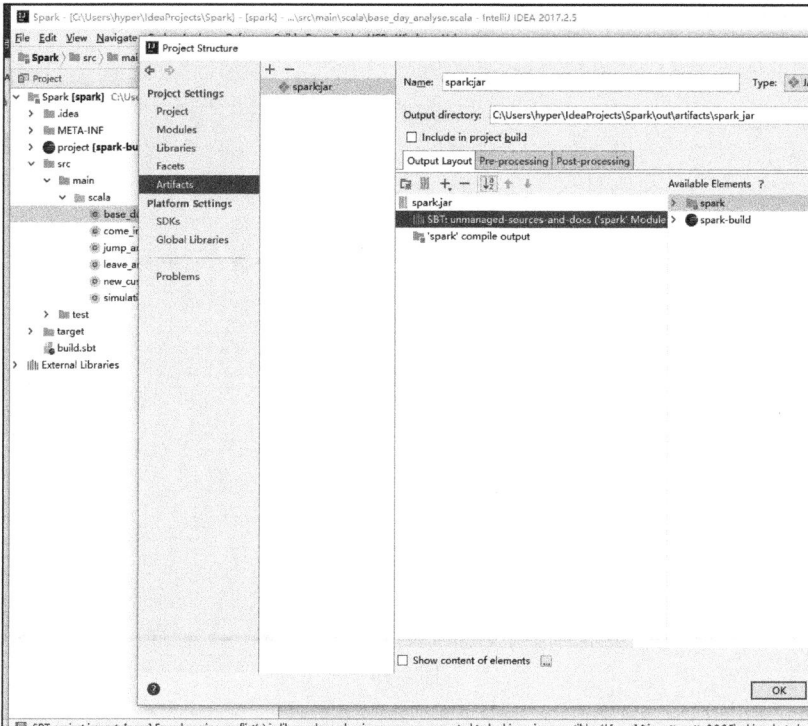

图 8-12

　　配置完成后，在主界面选择 Build→Build Artifacts→Rebuild，即可生成 jar 包，如图 8-13、图 8-14 所示。

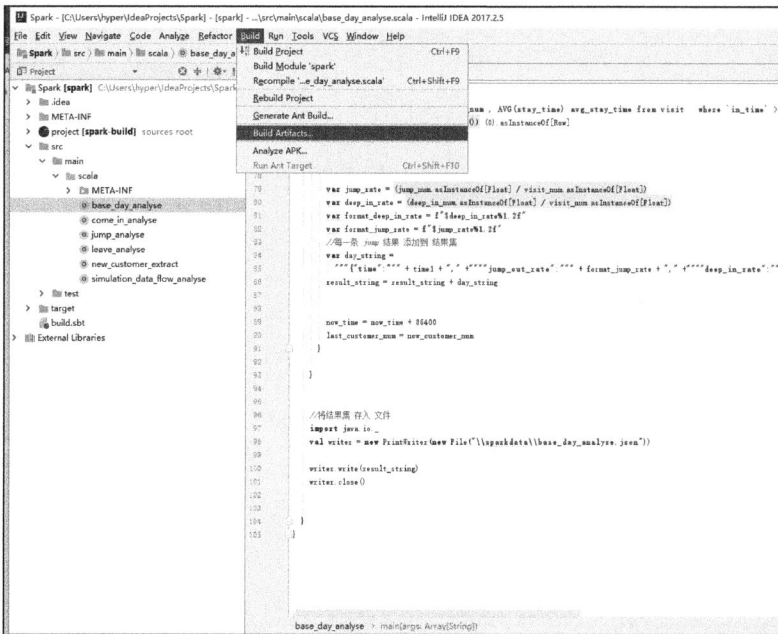

图 8-13

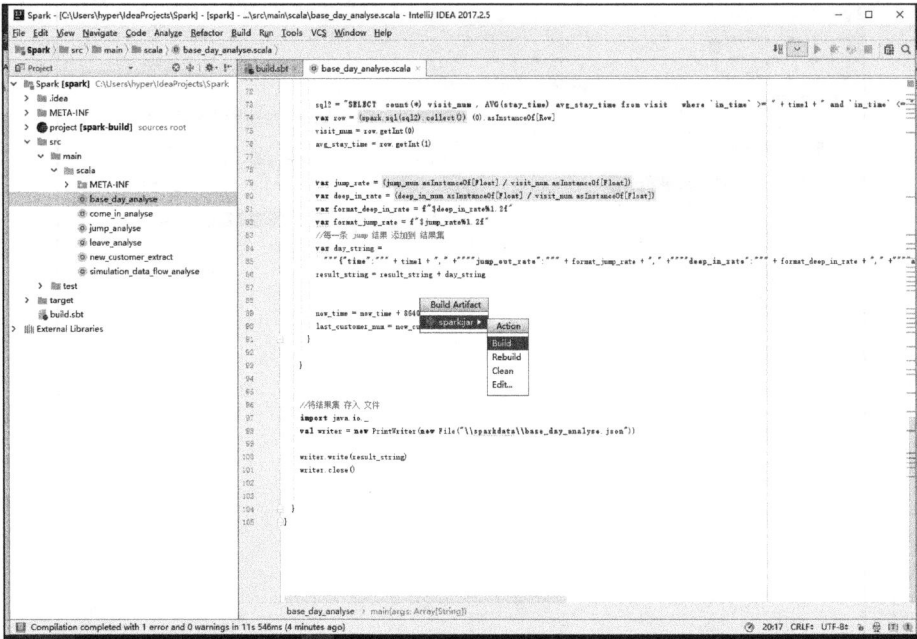

图 8-14

8.4.2　IDEA 配置

单击编辑区右上角的下拉按钮，选择 Edit Configurations，如图 8-15 所示，弹出如图 8-16 所示的对话框。

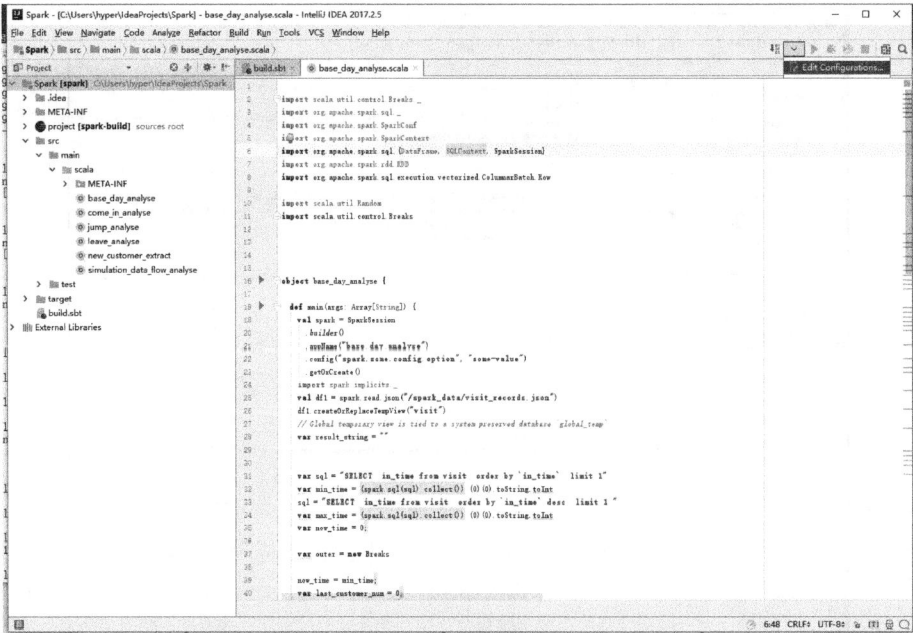

图 8-15

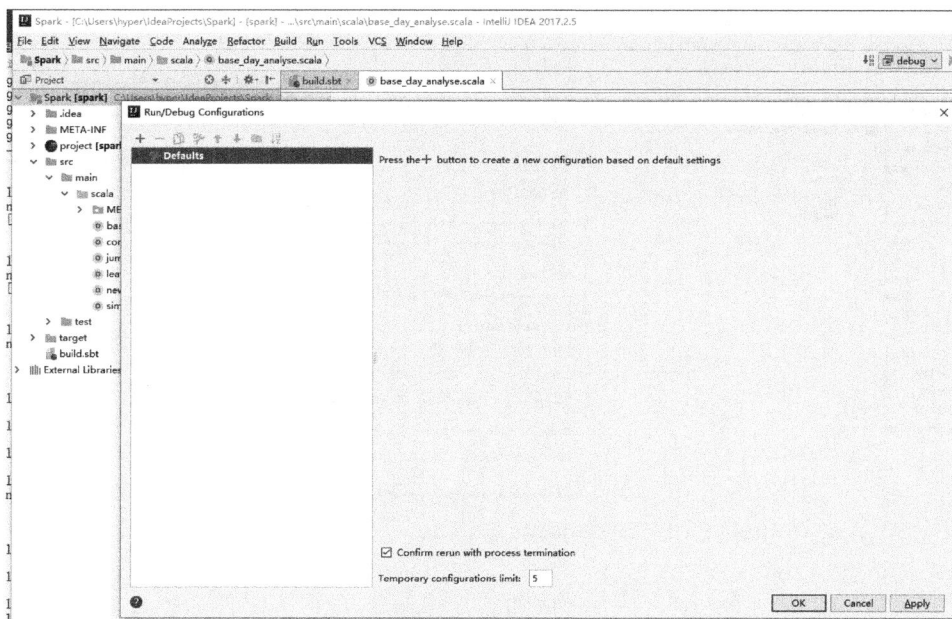

图 8-16

单击 "+" 号，在弹出的面板中选择 Remote，如图 8-17 所示。

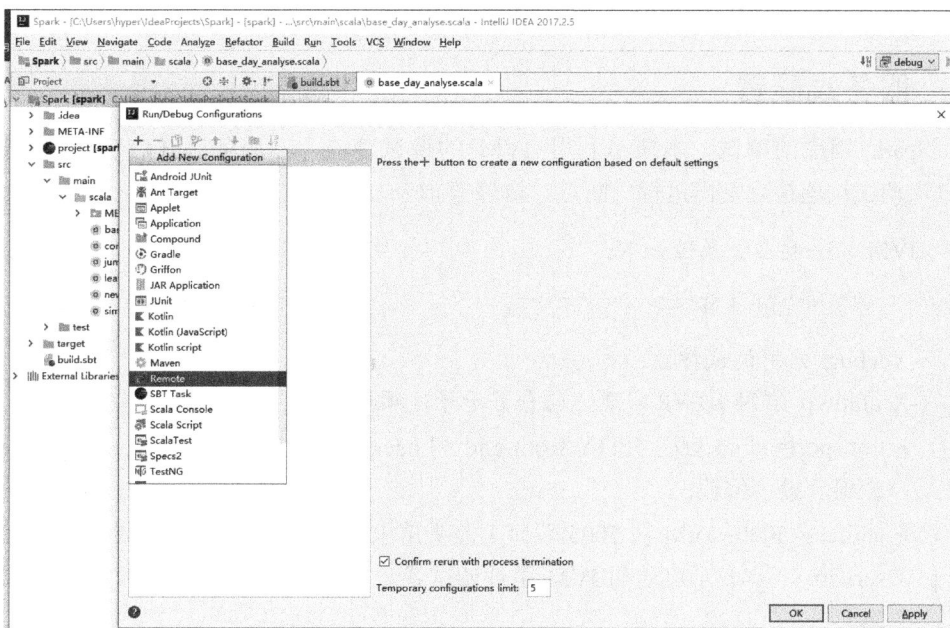

图 8-17

　　输入配置名称，在此输入 "debug" 做示例，如图 8-18 所示。然后输入集群 master 节点 IP 地址、端口号（该端口号应该与提交任务时设置的端口号保持一致），单击 OK 按钮，保存即可。到这里，调试端就配置完成了。

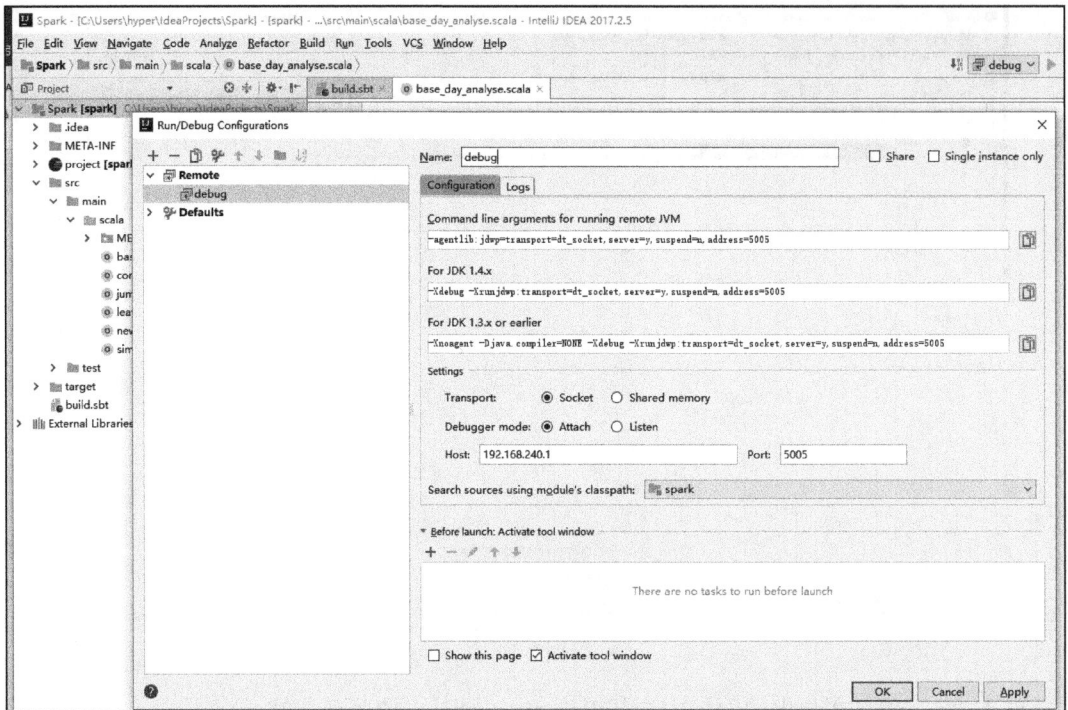

图 8-18

8.4.3 服务端配置

对 Spark 程序的调试，本质是利用 JVM 的调试功能，在服务端开启一个等待调试的 JVM ，当调试端连接后发出运行、断点、暂停等指令。

● JVM 的一些参数属性如下：

```
-Xdebug -Xrunjdwp:transport=dt_socket,server=y,suspend=y,address=5005
```

● -Xdebug 启用调试特性。
● -Xrunjdwp 启用 JDWP 实现，包含若干子选项：
  ➢ transport=dt_socket：JPDA front-end 和 back-end 之间的传输方法。dt_socket 表示使用套接字传输。
  ➢ address=5005：JVM 在 5005 端口上监听请求，这个设定为一个不冲突的端口即可。
  ➢ server=y：y 表示启动的 JVM 是被调试者。如果为 n，则表示启动的 JVM 是调试器。
  ➢ suspend=y：y 表示启动的 JVM 会暂停等待，直到调试器连接上才继续执行。suspend=n，则 JVM 不会暂停等待。

只需在启动任务时添加 --driver-java-options "-Xdebug -Xrunjdwp:transport=dt_socket,server=y,suspend=y,address=5005" 参数，就可以进行远程调试，如图 8-19 所示。

```
[root@master spark]# ./bin/run-example --driver-java-options "-Xdebug -Xrunjdwp:transport=dt_socket,server=y,suspend=y,address=5005" Sp
arkPi 200
Listening for transport dt_socket at address: 5005
```

图 8-19

此时打开 5005 端口作为调试端口，等待调试器连接，然后只需在 IDEA 中开始调试即可。

8.5 Spark 的 Web 界面

Spark 程序在运行时会提供一个 Web 页面，查看 Application 运行状态信息。这些信息可清晰地展示当前任务的运行状态。是否开启 UI 界面由参数 spark.ui.enabled（默认为 true）来确定。下面列出 Spark UI 一些相关配置参数、默认值及作用，如表 8-2 所示。

表 8-2

属性	默认值	含义
spark.eventLog.compress	false	是否压缩保存的事件日志，若 spark.eventLog.enabled 为 true，则使用 spark.io.compression.codec 压缩
spark.eventLog.dir	file:///tmp/spark-events	记录 Spark events 的根目录，若 spark.eventLog.enabled 为 true，则 Spark 将为每个 Spark 应用创建子文件夹，并在其中记录具体事件。用户可能希望将其设置为一个统一的位置，如 HDFS 目录，以便历史记录服务器可以读取历史文件
spark.eventLog.enabled	false	是否记录 Spark 事件，在应用程序完成后用于重构 Web UI
spark.ui.enabled	true	是否为 Spark 应用运行 Web UI
spark.ui.killEnabled	true	是否允许从 Web UI 杀死作业和 stage
spark.ui.port	4040	Web UI 的起始端口
spark.ui.retainedJobs	1000	Spark UI 和状态 API 在垃圾收集之前记住了多少作业。这是最大的目标，在某些情况下可能会保留更少的元素
spark.ui.retainedStages	1000	垃圾收集之前 Spark UI 和状态 API 记住多少 stage。这是最大的目标，在某些情况下可能会保留更少的元素
spark.ui.retainedTasks	100000	Spark UI 和状态 API 在垃圾收集之前记住了多少任务。这是最大的目标，在某些情况下可能会保留更少的元素
spark.ui.reverseProxy	false	启用 Spark Master 作为 Worker 和 Web UI 的反向代理。在这种模式下，Spark 主机将反向代理工作者和应用程序 UI，以启用访问，而不需要直接访问主机。由于工作人员和应用程序用户界面不能直接访问，因此请谨慎使用，只能通过 spark 主页/代理公用 URL 访问它们。此设置会影响集群中运行的所有工作人员和应用程序 UI，并且必须在所有 Worker、Driver 和主 Master 上进行设置
spark.ui.reverseProxyUrl		代理正在运行的 URL。这个 URL 是在 Spark Master 前面运行的代理。运行代理进行身份验证时很有用，例如 OAuth 代理。确保这是一个完整的 URL，包括协议（http / https）和端口到达代理
spark.ui.showConsoleProgress	true	在控制台中显示进度条。进度条显示运行时间超过 500 毫秒的 stage 进度。如果多个 stage 同时运行，那么多个进度条将显示在同一行上

（续表）

属性	默认值	含义
spark.worker.ui.retainedExecutors	1000	Spark UI 和状态 API 在垃圾收集之前记住了多少已完成的 executor
spark.worker.ui.retainedDrivers	1000	Spark UI 和状态 API 在垃圾收集之前记住了多少已完成的 driver
spark.sql.ui.retainedExecutions	1000	Spark UI 和状态 API 在垃圾收集之前记住了多少已完成的 execution
spark.streaming.ui.retainedBatches	1000	Spark UI 和状态 API 在垃圾收集之前记住了多少已完成的 batche
spark.ui.retainedDeadExecutors	100	Spark UI 和状态 API 在垃圾收集之前记住了多少失败的 execution

每一个 SparkContext 都会提供一个 Web 界面，这个界面可以通过浏览器访问 http://master:4040 查看，当 4040 端口被占用时程序会继续尝试 4041. 4042，直到找到一个可用的端口。Web 首页是 Jobs page，如图 8-20 所示。

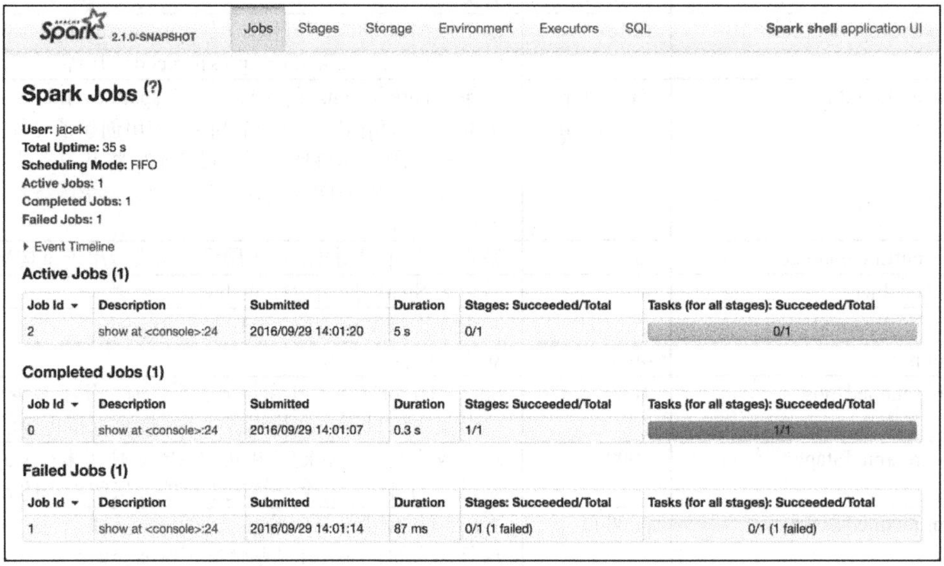

图 8-20

Web UI 详细地展示了每个 Spark 应用的 Stage、Storage、Executors，以及 SQL 的执行计划，在每个页面都有极其详细的信息，开发者可以通过这些信息发现程序存在的问题，以改进程序。

8.6 本章小结

本章以一个 Spark SQL 应用程序的开发为主线，分别介绍了分布式环境的搭建、数据处理以及 Spark 程序远程调试等内容，Spark 的 Web UI 是我们了解程序运行状态最直观、清晰的界面，在开发过程中应该多加利用。

第四部分　优化篇

本部分由第 9 章组成，首先介绍了 Spark 的执行流程、内存的划分以及任务的划分，使读者大体上了解 Spark 的工作方式；然后从程序编写、Spark 本身的调优以及数据倾斜问题的解决三方面对 Spark 调优进行介绍；最后以 Spark 执行引擎 Tungsten 与 Spark SQL 解析引擎 Catalyst 的介绍作为结尾。

第 9 章
让Spark程序再快一点

读者看完本章之后将会了解 Spark 的执行流程、Spark 的内存分布以及如何划分 stage。本章的大半部分内容将主要讲解如何对 Spark 程序进行优化，重点放在优化思路上。读者看完之后能了解优化的思想以及优化的方法。

9.1 Spark 执行流程

SparkContext 可以连接到不同的集群资源管理器，比如自带的 standalone manager、Mesos 和 YARN。当 SparkContext 连接成功的时候，Spark 可以获得集群节点上的 executors（executor 负责运行 tasks 并且将数据保存在内存或者硬盘中，executor 使用多少个 CPU 核就能同时执行多少个 task），然后 Spark 把代码（发送给 SparkContext 的 jar 或者 Python 文件中的代码）发送到 executors 上。最后 SparkContext 发送 tasks 到 executors 上运行。

在这里描述 Spark 的资源调度时通过"当 SparkContext 连接成功的时候，Spark 可以获得集群结点上的 executors"简易概括，没有问题，但接下来对任务调度的描述"然后 Spark 把代码（发送给 SparkContext 的 jar 或者 Python 文件中的代码）发送到 executors 上。最后 SparkContext 发送 tasks 到 executors 上运行。"有些混乱，Spark 负责任务调度的是 DAGscheduler、TaskScheduler，其中 DAGScheduler 负责 stage 层面的划分和高层调度，而 TaskScheduler 负责的是同一 Stage 内多个相同 Task（具体的对应相应 Task 的执行代码）向 executors 的分发，taskTracker 负责 Task 的跟踪执行以及失败 Task 的重新执行。

图 9-1 所示是官网上关于该流程的示意图。

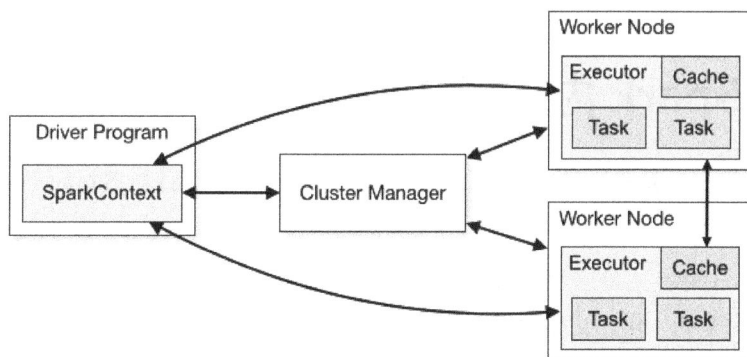

图 9-1

需要注意以下几点。

（1）每个 Spark 应用程序都有它自己的一个或多个 executor 进程，它们的生命周期及其所属的 Spark 应用程序的生命周期一样。这样就可以将同时在集群上运行的不同的 Spark 应用程序彼此隔离。在任务调度这一端，每个驱动程序调度自己的 tasks，将其分配到不同的 executor 执行。在 executors 这一端，不同应用的 task 运行在不同的 JVM 里面。这意味着不同 Spark 应用程序的数据不能互相共享，除非将数据写入到硬盘中。

（2）底层的集群资源管理器对于 Spark 来说是透明的，只要 Spark 能获得 executor 进程，能相互通信就行。正是因为这个原因，所以 Spark 能在其他的集群资源管理器上运行，比如 YARN 和 Mesos。

（3）驱动程序在它的生命周期期间必须监听来自 executors 的连接，因此请确保集群上的 worker 结点可以访问驱动程序。

（4）因为驱动程序需要在集群上进行任务的调度，所以驱动程序应该在离集群上的 worker 结点较近的地方运行（这里说的距离是网络距离，最好在同一个局域网内运行）。如果你想远程提交请求到服务器，那么推荐使用 RPC。

一个 Spark 应用程序由一个 driver 进程和多个 executor 组成（分布在集群中）。driver 安排工作，executor 以 task 的形式响应并且执行这些工作，如图 9-2 所示。

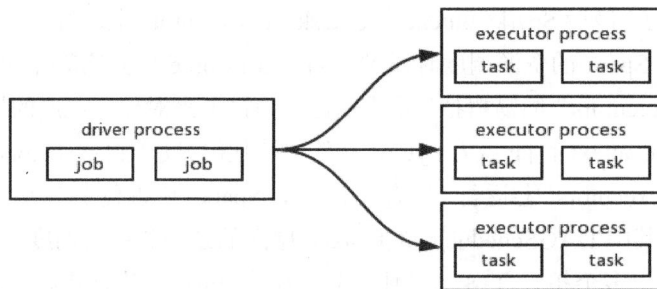

图 9-2

9.2 Spark 内存简介

当前笔者使用的 Spark 版本号是 2.2.0。Spark 中的内存大部分是 Storage 内存和 Execution 内存。

- Execution 内存：用于 shuffle、join、sort、aggregation 这些计算操作。
- Storage 内存：用于缓存数据，以及存放一些元数据。

在 Spark 中，Storage 内存和 Execution 内存共享同一块区域。当没有 Execution 内存使用的时候，Storage 内存可以占用该区域的所有空间，反之亦然。需要读者注意的是，虽然表面上 Storage 内存和 Execution 内存共享了同一块区域，但是那块区域实际上被一个阈值（设这个阈值为 R）划分开了两个区域，分别对应于 Storage 内存和 Execution 内存。为什么要有这样的划分呢？这就涉及 Storage 内存和 Execution 内存之间内存抢占的问题。

内存抢占的规则是这样的（参看图 9-3）：

（1）当 Storage 内存使用超出阈值 R（此时 Storage 使用了被阈值划分给 Execution 但是尚未被使用的内存）时，超出阈值 R 部分的 Storage 内存可以在需要的时候被抢占成为 Execution 内存，但剩下处于阈值内属于 Storage 部分的内存不能被 Execution 抢占。

（2）当 Execution 内存使用超出阈值 R（此时 Execution 使用了被阈值划分给 Storage 但是尚未被使用的内存）时，Execution 内存不能被 Storage 抢占。

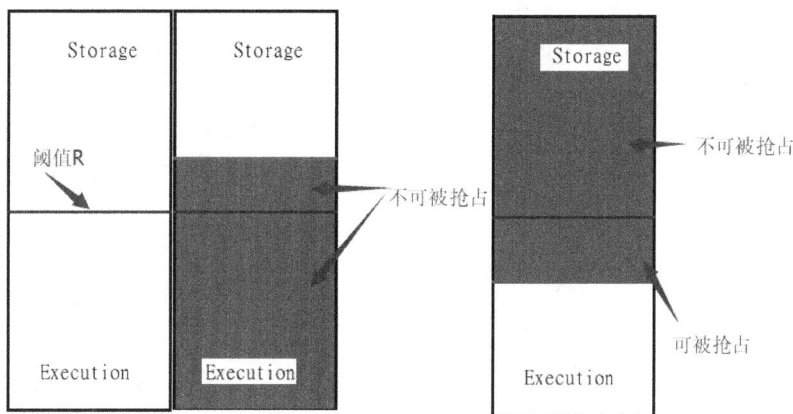

图 9-3

上面所说的 Storage 和 Execution 加起来只占了堆内存减去 300MB（减去的 300MB 被用作预留内存）的 60%（该参数由 spark.memory.fraction 控制，默认值是 0.6），剩下的 40% 用于存储用户的数据结构、Spark 的内部元数据以及预备一些空间来防止 OOM 错误。

上面提到的阈值 R（Storage 内存占的比例）的默认值是 0.5（该参数由 spark.memory.storageFraction 控制）。

9.3　Spark 的一些概念

下面我们介绍 Spark 的一些概念。

（1）Spark 应用程序作为独立的进程集运行在集群上，通过主程序（也被称为驱动程序，含有 main() 方法，并且在里面创建了 SparkContext 实例）的 SparkContext 对象来协调，SparkContext 在一个驱动程序中只能有一个实例。其实在 SparkContext 初始化的过程中，其内部实例化了 DAGScheduler、TaskScheduler 等必要对象，负责任务的划分、调度。

（2）job 包含许多的 task （也许翻译为工作单元比较合适），job 可以切分成一组一组的 task，切分之后的一组 task 被称为 stage。

这里既然提到了 stage，我们就来说一下关于 stage 划分的问题：

- 宽依赖（Wide Dependencies）：简单来说就是父 RDD 的数据被多个子 RDD 使用。
- 窄依赖（Narrow Dependencies）：简单来说就是父 RDD 的数据只被**一个子** RDD 使用 宽依赖，通常意味着 shuffle 操作，这也是 stage 边界的划分点。

简单来说就是从左往右看，遇到宽依赖划分为一个 stage，遇到窄依赖就跳过视为处于同一个 stage 中。

图 9-4、图 9-5 所示的是 Spark 论文里面的两张图，这两张图清晰地介绍了 stage 的划分以及宽依赖和窄依赖的区别，图片来自 https://amplab.cs.berkeley.edu/wp-content/uploads/2012/01/nsdi_spark.pdf。

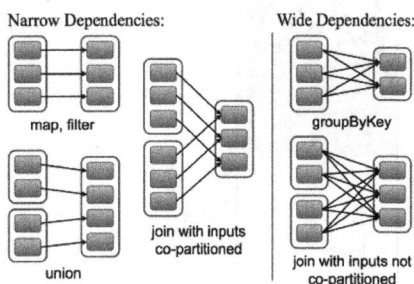

Figure 4: Examples of narrow and wide dependencies. Each box is an RDD, with partitions shown as shaded rectangles.

图 9-4

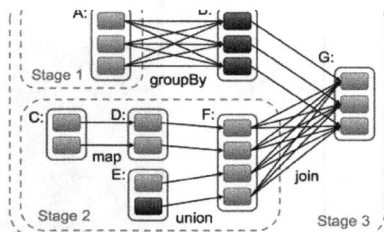

Figure 5: Example of how Spark computes job stages. Boxes with solid outlines are RDDs. Partitions are shaded rectangles, in black if they are already in memory. To run an action on RDD G, we build build stages at wide dependencies and pipeline narrow transformations inside each stage. In this case, stage 1's output RDD is already in RAM, so we run stage 2 and then 3

图 9-5

为什么要有宽依赖和窄依赖之分呢？因为在计算过程中假如发生了数据丢失的情况，Spark 就会通过这些依赖关系重新计算出数据丢失的那一部分。

（3）数据在执行的过程中被会切分为一块一块，称之为 partition，一个 task 处理一个 partition。

9.4 Spark 编程四大守则

1. 编程守则一：避免创建重复的 DataFrame

重复创建相同的 DataFrame 是初学者比较容易犯的一个错误。

对于一个会被多次使用的数据集，我们应该只创建一个 DataFrame 实例来表示它。

对于很多读者来说写代码有喜欢复制粘贴的习惯，不是说这个习惯不好，而是这个习惯很容易导致相同的 DataFrame 在无意中被多次创建。

如果对同一个数据集创建了多个相同的 DataFrame 实例，就会浪费内存资源，甚至还会导致重复计算的问题。

所以读者在写代码的时候一定要留心，避免重复创建相同的 DataFrame 实例。

下面是一个低效的代码例子：

```
val spark = SparkSession.builder().getOrCreate()
......
for( a <- 1 to 10){
val df=spark.read.json("employee.json")
......
}
......
```

上面这个代码在 for 循环里循环创建了相同的 DataFrame，这对资源造成了浪费。

下面是改正后的代码：

```
val spark = SparkSession.builder().getOrCreate()
......
val df = spark.read.json("employee.json")
for( a <- 1 to 10){
......
}
......
```

把 df 放到外面就可以了，要避免编写这种低效率的代码。

2. 编程守则二：避免重复性的 SQL 查询，对 DataFrame 复用

这个用语言表述比较麻烦，我们直接看代码吧。

假设我们有一张 students 表。

下面这段是低效的代码：

```
val spark = SparkSession.builder().getOrCreate()
import spark.implicits._
val studentNameAndAge = spark.sql("SELECT name,age FROM students WHERE class=1")
......
//经过多行代码之后
......
val studentName = spark.sql("SELECT name FROM students WHERE class=1 AND age > 20")
```

上面的这段代码对 students 这张表查了两次，如果这张表特别大，查询的效率就会很低。

这里说一下：在 Spark 的 Scala API 里面 DataFrame 的定义是这样的：

```
type DataFrame = Dataset[Row]
```

所以 DataFrame 可以使用 Dataset 的一些方法。

下面是修正之后的代码：

```
val spark = SparkSession.builder().getOrCreate()
import spark.implicits._
```

```
val studentNameAndAge = spark.sql ("SELECT name,age FROM students WHERE class=1")
......
//经过多行代码之后
......
val studentName = studentNameAndAge.filter($"age" > 20)
```

这样代码的效率会提高。由于中间写了多行的代码，许多读者写着写着代码就容易忘记上面的 SQL 和接下来的 SQL 是否执行了相同效果的查询（代码一长难免会不记得），导致对表的不必要的重复查询。读者写代码的时候需要稍微注意一下这个问题，避免写出低效的代码，尽量复用前面定义的 DataFrame。

3. 编程守则三：注意数据类型的使用

这条守则有两点需要注意的地方：

（1）在生成 DataFrame 或 Dataset 时如何定义数据的类型？

这个问题需要在我们定义变量的时候考虑清楚。Scala 给我们提供了丰富的数据类型，我们要根据场景选择合适的数据类型。能用 Byte 类型，不需要为了方便定义成 Int 类型，一个 Byte 类型是 8bit，而 Int 类型是 32bit。也就是说，一旦将数据进行缓存，内存的消耗将会翻倍。在使用 Spark SQL 的时候，定义合适的数据类型可以节省比较可观的内存资源。

（2）在代码中能用基本类型的时候，就尽量使用基本类型。

由于每个不同的 Java 对象都有一个"对象头"，这个"头"大概是 16 bytes，里面包含一些信息，例如一个指向类的指针。

像 String 这样的就比 char 类型的数组开销大 40 bytes，因为它不仅仅存储了数据本身，还包含了其他数据（比如 String 的 length）。同时因为它是用 UTF-16 编码的，所以每个字符占到了 2 bytes。因此一个 10 字符长的 string 会占 60 bytes 的大小。

尤其要避免使用类与对象里面包含对象以及指针的这种嵌套结构。另外，还可以考虑使用数值型的 id 或者枚举类型来替代用字符串来表示的键。还有常用的集合类，比如 HashMap、LinkedList，使用链表的数据结构。其中每个元素（比如 Map.Entry）都有一个"包装"对象，这种对象不仅仅具有上面所说的"对象头"，还包含了指向下一个对象的指针。

所以对于自定义的对象、String、集合等，在不影响代码的可读性、可维护性的情况下，能不用就尽量不用，因为它们占用比较大的内存。

4. 编程守则四：写出高质量的 SQL

在我们使用 SQL 查询的时候，一条高质量的 SQL 语句将节省大量的查询时间，以及节省宝贵的计算资源和内存资源。关于如何写出高质量的 SQL 语句，这个篇幅过长，也偏离了这本书一开始定下的目标，这里就不展开描述了。

如果读者之前接触过 SQL 的优化，想必也听说过 SQL 的执行计划。获取执行计划是 SQL 优化很关键的一部分，下面我们来介绍一下如何获取 SQL 的执行计划。

这里建议读者在 spark-shell 里面跟着执行以下语句。读者亲自敲一遍语句能有效地理解语句的意思以及它的作用。

　　需要准备的数据：在 hdfs 里面对应账户的文件夹下放置一个 JSON 文件（笔者将其放置在了 HDFS 里面的/user/root/employee.json）中，文件内容如下：

```
{"id" : "1201", "name" : "satish", "age" : "25"}
{"id" : "1202", "name" : "krishna", "age" : "28"}
{"id" : "1203", "name" : "amith", "age" : "39"}
{"id" : "1204", "name" : "javed", "age" : "23"}
{"id" : "1205", "name" : "prudvi", "age" : "23"}
```

　　准备的数据文件只有一个，下面我们进入 spark-shell：

　　（1）读取 employee.json 文件，如图 9-6 所示。

```
scala> val employee = spark.read.json("employee.json")
employee: org.apache.spark.sql.DataFrame = [age: string, id: string ... 1 more f
ield]
```

图 9-6

　　（2）创建临时视图，如图 9-7 所示。

```
scala> employee.createOrReplaceTempView("employee")
```

图 9-7

　　（3）查看视图的 Schema，如图 9-8 所示。

```
scala> employee.printSchema
root
 |-- age: string (nullable = true)
 |-- id: string (nullable = true)
 |-- name: string (nullable = true)
```

图 9-8

　　（4）通过 toDebugString 查看分区信息，如图 9-9 所示。

```
scala> employee.rdd.toDebugString
res1: String =
(1) MapPartitionsRDD[7] at rdd at <console>:26 []
 |  MapPartitionsRDD[6] at rdd at <console>:26 []
 |  MapPartitionsRDD[5] at rdd at <console>:26 []
 |  FileScanRDD[4] at rdd at <console>:26 []
```

图 9-9

　　（5）获取 SQL 的执行计划，如图 9-10 所示。

181

```
scala> sql("select * from employee").queryExecution
res5: org.apache.spark.sql.execution.QueryExecution =
== Parsed Logical Plan ==
'Project [*]
+- 'UnresolvedRelation `employee`

== Analyzed Logical Plan ==
age: string, id: string, name: string
Project [age#8, id#9, name#10]
+- SubqueryAlias employee
   +- Relation[age#8,id#9,name#10] json

== Optimized Logical Plan ==
Relation[age#8,id#9,name#10] json

== Physical Plan ==
*FileScan json [age#8,id#9,name#10] Batched: false, Format: JSON, Location: InMe
moryFileIndex[hdfs://localhost:9000/user/root/employee.json], PartitionFilters:
[], PushedFilters: [], ReadSchema: struct<age:string,id:string,name:string>
```

图 9-10

在 4040 的 WebUI 的 SQL 栏目中可以看到执行的详细情况（如图 9-11 样例所示）。

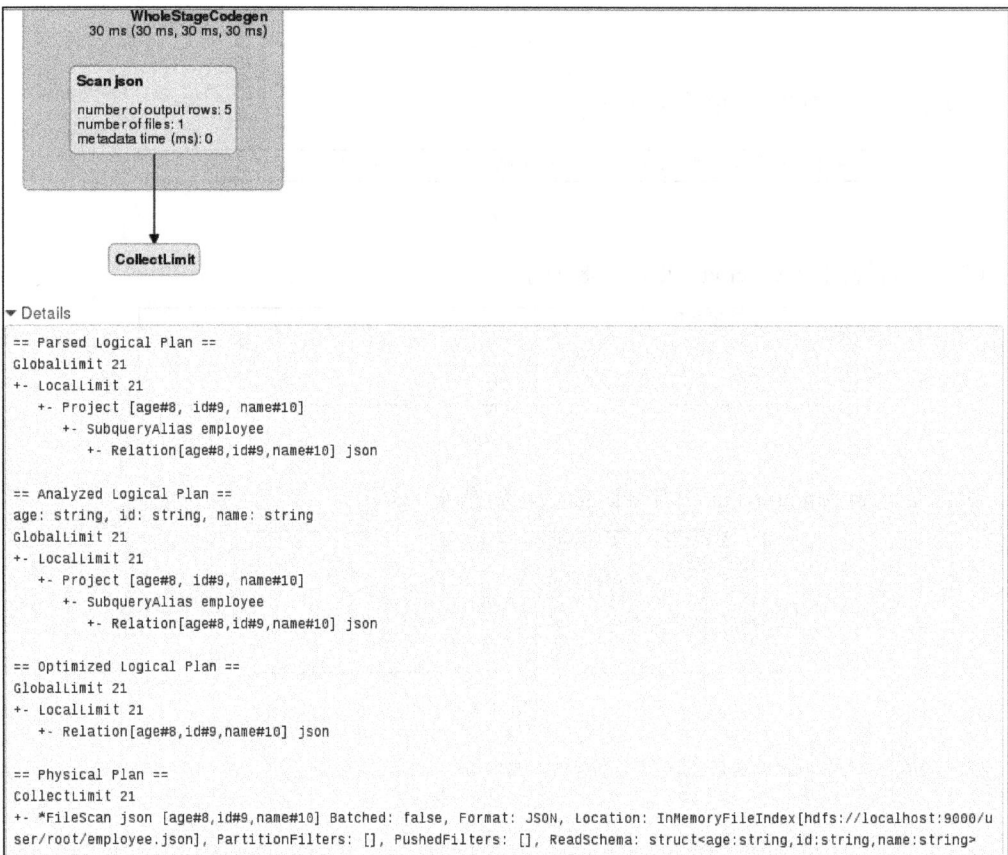

图 9-11

在图 9-11 中各种计划都依次罗列了出来。

总结：上面几个守则都是编写程序时需要注意的小细节，虽然看起来很简单，却能有效地提高代码的执行效率。不要嫌啰嗦，因为细节决定成败，如果要处理的数据量太大，稍有不慎就会对时间以及计算资源造成极大的浪费。想要写出高质量的代码，对代码的仔细斟酌是非常有必要的。

9.5　Spark 调优七式

1. 第一式：使用 cache 缓存

我们知道数据在内存中的计算是非常快的。我们可以把需要进行多次操作的 table 缓存（cache）到内存中，避免对磁盘进行多次 IO 操作。

cache 有两种方式，代码如下：

```
import org.apache.spark.storage._
val spark = SparkSession.builder().getOrCreate()
val df = spark.read.json("employee")
df.createOrReplaceTempView("employee")

//方式一如下所示，缓存到内存中
spark.catalog.cacheTable("employee")  //这样就缓存到内存当中了
//如果不需要缓存了就清除它，清除方式如下
spark.catalog.uncacheTable("employee")
//如果需要清除所有缓存，就使用 clearCache()
spark.catalog.clearCache()
//如果需要查看是否已经缓存，就使用 isCached()进行查看
if( spark.catalog.isCached("employee") ){
    print("yes")
}else{
    print("no")
}
//方式二如下所示，对 DataFrame 持久化

df.cache() //这个默认的持久化级别是 MEMORY_AND_DISK
df.persist() //这个和上面一行的代码效果是一样的
df.persist(StorageLevel.MEMORY_ONLY)//使用 MEMORY_ONLY 时的持久化级别
df.unpersist() //释放
```

除了我们手动进行缓存之外，Spark 在执行 shuffle 操作的时候也会自动将一些中间数据缓存，比如 reduceByKey。

上面第 2 种缓存方式是对 DataFrame 持久化，相比于 RDD 的默认持久化级别 MEMORY_ONLY，Dataset 的默认持久化级别是 MEMORY_AND_DISK。持久化级别如表 9-1 所示，更详细的介绍可以参考本书第 3 章的介绍。

表 9-1 持久化级别

Storage Level	Meaning
MEMORY_ONLY	RDD 的数据直接以 Java 对象的形式存储于 JVM 的内存中。如果内存空间不足，则剩下的分区不会被缓存到内存中。这些分区将在需要的时候重新计算
MEMORY_AND_DISK	RDD 的数据直接以 Java 对象的形式存储于 JVM 的内存中。如果内存空间不足，则剩下的分区会被缓存到磁盘中。这些分区将在需要的时候会从磁盘中读取
MEMORY_ONLY_SER (Java and Scala)	RDD 以数据序列化后的 Java 对象的形式存储在 JVM 的内存中（一个字节数组存放一个分区）。序列化之后会比未序列化的时候省很多空间（特别是在使用一个快速序列化工具的时候），但是序列化的同时会消耗 CPU 资源
MEMORY_AND_DISK_SER (Java and Scala)	和 MEMORY_ONLY_SER 差不多，两者的区别在于该序列化级别会在内存不够的情况下将剩下的分区序列化之后存储到磁盘中
DISK_ONLY	将 RDD 分区只存储到磁盘中（不进行序列化）
MEMORY_ONLY_2, MEMORY_AND_DISK_2, etc.	和之前的 MEMORY_ONLY、MEMORY_AND_DISK 差不多，区别在于每个 RDD 分区有两个备份存储在集群的不同节点上
OFF_HEAP (experimental)	和 MEMORY_ONLY_SER 类似，但是数据存储在 off-heap 内存中，这需要确保 off-heap 内存可以使用（该功能还处于实验状态）

2. 第二式：对配置属性进行调优

在我们讲第二式之前，先看看以下资料，粗略了解一下都有哪些配置属性就行。

Spark 1.3.0 版本的 Spark SQL 优化配置属性如表 9-2 所示。

表 9-2 Spark 1.3.0 版本的 Spark SQL 优化配置属性

Property Name	Default	Meaning
spark.sql.autoBroadcastJoinThreshold	10485760 (10 MB)	Configures the maximum size in bytes for a table that will be broadcast to all worker nodes when performing a join. By setting this value to -1 broadcasting can be disabled. Note that currently statistics are only supported for Hive Metastore tables where the command `ANALYZE TABLE <tableName>COMPUTE STATISTICS noscan` has been run.
spark.sql.codegen	false	When true, code will be dynamically generated at runtime for expression evaluation in a specific query. For some queries with complicated expression this option can lead to significant speed-ups. However, for simple queries this can actually slow down query execution.
spark.sql.shuffle.partitions	200	Configures the number of partitions to use when shuffling data for joins or aggregations.

Spark 1.5.0 版本的 Spark SQL 优化配置属性如表 9-3 所示。

表 9-3　Spark 1.5.0 版本的 Spark SQL 优化配置属性

Property Name	Default	Meaning
spark.sql.autoBroadcastJoinThreshold	10485760 (10 MB)	Configures the maximum size in bytes for a table that will be broadcast to all worker nodes when performing a join. By setting this value to -1 broadcasting can be disabled. Note that currently statistics are only supported for Hive Metastore tables where the command ANALYZE TABLE <tableName>COMPUTE STATISTICS noscanhas been run.
spark.sql.tungsten.enabled	true	When true, use the optimized Tungsten physical execution backend which explicitly manages memory and dynamically generates bytecode for expression evaluation.
spark.sql.shuffle.partitions	200	Configures the number of partitions to use when shuffling data for joins or aggregations.
spark.sql.planner.externalSort	true	When true, performs sorts spilling to disk as needed otherwise sort each partition in memory.

Spark 2.2.0 版本的 Spark SQL 优化配置属性如表 9-4 所示。

表 9-4　Spark 2.2.0 版本的 Spark SQL 优化配置属性

Property Name	Default	Meaning
spark.sql.files.maxPartitionBytes	134217728 (128 MB)	The maximum number of bytes to pack into a single partition when reading files.
spark.sql.files.openCostInBytes	4194304 (4 MB)	The estimated cost to open a file, measured by the number of bytes could be scanned in the same time. This is used when putting multiple files into a partition. It is better to over estimated, then the partitions with small files will be faster than partitions with bigger files (which is scheduled first).
spark.sql.broadcastTimeout	300	Timeout in seconds for the broadcast wait time in broadcast joins
spark.sql.autoBroadcastJoinThreshold	10485760 (10 MB)	Configures the maximum size in bytes for a table that will be broadcast to all worker nodes when performing a join. By setting this value to -1 broadcasting can be disabled. Note that currently statistics are only supported for Hive Metastore tables where the command ANALYZE TABLE <tableName>COMPUTE STATISTICS noscanhas been run.
spark.sql.shuffle.partitions	200	Configures the number of partitions to use when shuffling data for joins or aggregations.

　　上面给出这三个版本的调优属性是为了说明每个版本的调优属性不一样，有新增的，也有去掉的。有些网上的博客给出的调优属性可能过时并且没有标清其相应的版本号，笔者以前也很迷糊地绕了一些弯路。希望读者能明白这一点，少走一些弯路。所以要想获得最准确的信息，应当去官网找相应版本的文档进行查看。读者需要根据自己使用的版本查阅相关属性，所以这里只能简单地说一下如何使用这些配置属性，具体的建议请读者查看官方文档 Programming

Guides 中 SQL 里面的 Performance Tuning 小节。

代码如下：

```
//spark 2.2.0版本
val spark = SparkSession.builder().getOrCreate()
spark.conf.set("spark.sql.shuffle.partitions",120)
spark.conf.set("spark.sql.autoBroadcastJoinThreshold",20971520)
```

这段代码将 spark.sql.shuffle.partitions 的值改为 120，将 spark.sql.autoBroadcastJoinThreshold 改为 20MB。

下面稍微简单介绍 2.2.0 版本中一些参数的作用。

● spark.sql.inMemoryColumnStorage.compressed：默认值为 true，它的作用是自动对内存中的列式存储进行压缩 。

● spark.sql.inMemoryColumnStorage.batchSize：默认值为 1000，代表列式缓存时每个批处理的大小。如果将这个值调过大可能会产生 out of memory 的异常，所以在设置这个的参数的时候要注意实际的内存大小 。

上面两个参数在之前的多个版本都能使用。

下面的几个参数可能在之后的版本中保留或者去掉。

● spark.sql.files.maxPartitionBytes，默认值是 134217728(128MB)，这个参数代表着 partition 的最大大小。

● spark.sql.files.openCostInBytes，默认值是 4194304(4MB) ，这个参数代表的是小于 4MB 的文件会和并到一个 partition 中。

● spark.sql.broadcastTimeout，默认值是 300，广播的超时时间，以秒为单位。

● spark.sql.autoBroadcastJoinThreshold，默认值是 10485760(10MB) ，大表.join(小表)，读者可以根据需要广播的小表调整参数的大小。当使用连接操作的时候，会自动将小于阈值大小的表广播给所有 worker node。利用好这个属性可以降低数据传输的网络开销——当这个属性的值被设为-1 时，关闭广播。

● spark.sql.shuffle.partitions，默认值是 200，这个参数代表着执行连接操作或聚合操作时数据分区的数目（由于计算是以 partition 为单位进行的，所以网上有些博客称之为并行度，这里需要读者稍微注意一下）。根据实际情况调大或调小找到合适的就好，该参数在一定程度上能减少数据倾斜。

上面这些都是针对 Spark SQL 的属性，接下来说的是针对整个 Spark 的属性。

● spark.default.parallelism，这个是 Spark 的默认并行度（就是默认的分区数目）。对于不同的环境，默认配置不一样：

  ➢ 对于 local 模式来说这个值是机器上的核心数。

  ➢ 对于 Mesos 的细粒度模式来说这个值是 8。

  ➢ 对于其他的资源管理器，比如 YARN，对应的值是所有执行节点的核心数，最低是 2。

通常，每个 CPU 核分配 2~3 个 task，对于有超线程技术的 CPU，还是要以核心数为主，而不是核心数*2。

park.executor.core 和 spark.executor.memory 这两个属性是修改每个 executor 使用的核心数以及内存大小。

spark.dirver.core 和 spark. dirver.memory 这两个属性是修改每个 dirver 进程使用的核心数以及内存大小。

spark.executor.instances 这个属性是设置启动 executor 的数目。

重点： http://<driver>:4040 这个页面给我们提供了很多非常实用的信息，希望读者能花些时间熟悉一下这个 Web UI。从这里的 Environment 栏目中可以查看已经生效的属性，未显示在上面的属性则认为是使用了默认值，由于配置属性是随着版本的发行经常变动的，所以我们这里就不进行详细的叙述了，请读者根据自己使用的 Spark 版本查阅相应的文档。

举个使用 Spark on YARN 的例子。

在该集群上有 6 台主机运行着 NodeManager，每台主机有 16 个核心和 64GB 的内存。

yarn.nodemanager.resource.memory-mb 设置为 63*1024=64512（MB）。

yarn.nodemanager.resource.cpu-vcores 设置为 15。

为什么不设置为 64*1024=65536 的内存和 16 个核心呢?因为系统运行需要内存，Hadoop 的守护进程也需要内存，所以我们留 1GB 和 1 个核给它们。然后你可能会使用下面这种配置：

```
--num-executors 6 --executor-cores 15 --executor-memory 63G
```

但是这仍然是不妥当的。因为我们还需要考虑 executor 的内存开销。63GB 分配给 executor 使用，再加上 executor 本身的内存开销就超过了分配给 NodeManager 的 63GB 的内存。

除了这个之外我们还需要考虑 ApplicationMaster 的 CPU 使用，ApplicationMaster 本身需要占用一个核。所以剩下的就不够 15 个核了，也就是说分配不到 15 个核给 executor。

此外，给一个 executor 分配 15 个核还会导致 HDFS 的 IO 吞吐量变得很差。

下面是改良之后的参考配置：

```
--num-executors 17 --executor-cores 5 --executor-memory 19G
```

使用上面这种配置，这样 5 台主机上都有 3 个 executor，最后一台主机上面只有两个 executor，因为这台主机上还运行着 ApplicationMaster。

关于内存的计算如下：

```
63/3=21.21
21.21*0.07=1.47
21.21-1.47≈19
```

有人可能有疑问上面的 0.07 是怎么来的呢？这与 spark.yarn.executor.memoryOverhead 这个参数有关（在 2.2.1 版本中该属性的取值默认是 0.10*executorMemory，低于 384 按 384 算，单位是 MB。0.10 也可以取其他值，比如 0.06~0.10,上面的 0.07 的作用就相当于 0.10 的作用）。

3. 第三式：合理使用广播

在上面的第二式中我们提到了 broadcast。对于比较大的变量，我们可以将它广播到每一个 node 中，以节省网络通信的开销。在不广播的情况下，每个 task 有一个数据的副本，在广播之后每个 executor 保留一份数据的副本。因为广播之后减少了数据副本的数量，所以在减少网络传输开销的同时也相应地节省了一些资源。

广播的方式使用如下：

```
val broadcastVar = sc.broadcast(Array(1, 2, 3))  //这样我们就把 Array(1,2,3)广播到
各个节点当中去了。
broadcastVar.value //这样就可以调用 Array(1,2,3)
```

4. 第四式：谨慎使用带 shuffle 操作的方法

shuffle 操作涉及磁盘的 I/O 操作、数据的序列化和网络的 I/O。

某些 shuffle 操作会消耗大量的内存，它会把相同的 key 发到一个 node 中，进行连接或者聚合操作。当相同的 key 的数据量特别大的时候，内存有可能溢出，于是将数据写到磁盘上，发生 I/O 操作，导致性能急剧下降。

典型地使用了 shuffe 操作的有 repartition、coalesce、groupByKey、reduceByKey、cogroup、join 等。

如果因为硬性需求必须使用带 shuffle 的操作，那么尽量使用在 map 端就聚合一次的方法，比如说用 reduceByKey 或者 aggregateByKey 替代 groupByKey。

什么是在 map 端聚合呢？下面来看两幅图。

图 9-12 所示是 rdd.reduceByKey(_ + _)的图。

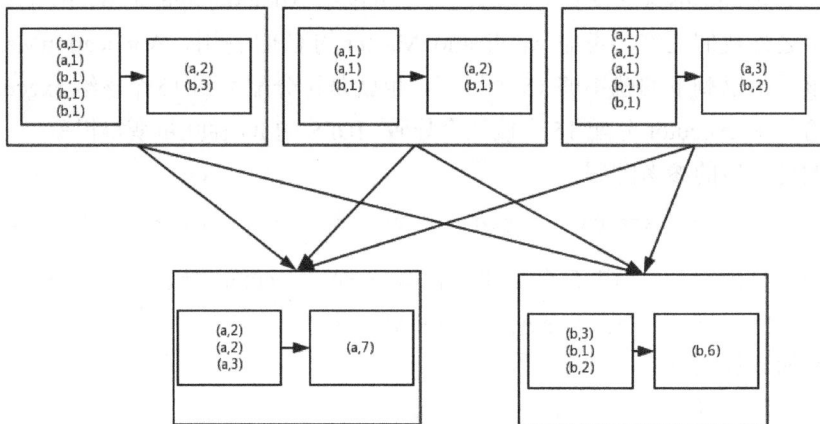

图 9-12

图 9-13 所示是 rdd.groupByKey().map(t => (t._1 , t._2.sum))的图。

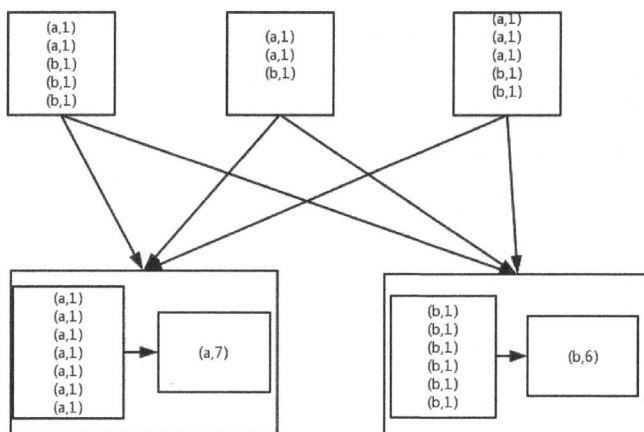

图 9-13

相信大家看了这两幅图也就大概能明白为什么推荐用 reduceByKey 替代 groupByKey 了。groupByKey 是将 Key 相同的数据发送到一个节点当中,然后在那个节点上进行值的相加操作。如果 Key 相同的数据过多,则会增加网络的开销和内存的开销。如果我们使用了 reduceByKey 在 map 端对 key 相同的数据进行了值相加的操作,得出一个中间结果,然后将中间结果中 key 相同的数据发送到同一个节点中,再将它们的值相加得出最终的结果。如此一来就减少了需要通过网络传输的数据量,同时也节省了 reduce 端内存的开销。

下面引用一个例子来说明一下。

我们来看看下面这个代码:

```
rdd.map(kv => (kv._1, new Set[String]() + kv._2)).reduceByKey(_ ++ _)
```

这里对每一条记录进行处理的时候都创建了一个 Set 对象。这和我们前面提到的四大守则第一条是一样的,我们要避免重复创建不必要的对象。这里还使用了 reduceByKey,前文提及使用含有 shuffle 操作的方法时一定要谨慎。一定要理解为什么用,并且要考虑有没有比这个更好的方法。

上面这段代码经过改良之后变成下面这样:

```
val empty = new collection.mutable.Set[String]()
rdd.aggregateByKey(empty)((set, v) => set += v,(set1, set2) => set1 ++= set2)
```

在上面这段代码中我们用 aggregateByKey 代替了 reduceByKey,最终的效果虽是一样的,却巧妙地减少了许多不必要对象的创建,大大地提高了执行效率。

5. 第五式:尽量在一次调用中处理一个分区的数据

mapPartitions、foreachPartitions 都是在一次调用中处理一个分区的数据,所以用 mapPartitions 替代 map、用 foreachPartitions 替代 foreach 能提高性能,但是使用的时候需要注意内存,因为一次处理一个分区,如果分区比较大,当内存不够的时候就会出现 out of memory 异常。

map 和 mapPartitions 在使用上是有区别的，下面我们来举个例子：

```
val rdd = sc.parallelize(1 to 9, 3)//分3个分区的RDD
def mapFunc(num:Int):Int = {
        var result = num*num
        result
    }
  def mapPartitionsFunc ( iter : Iterator [Int] ) : Iterator [Int] = {
        var result = for (num <- iter ) yield num*num
        result
    }
rdd.map(mapFunc)
rdd.mapPartitions(mapPartitionsFunc)
```

在这段代码中 mapFunc 被执行了 10 次，而 mapPartitionsFunc 被执行了 3 次。还有就是 mapFunc 和 mapPartitionsFunc 传入的参数不一样，这个需要在使用时注意一下。

之前提到的会提高性能，这是为什么呢？假如我们在刚刚的代码中的 mapFunc，mapPartitionsFunc 中创建相同的对象或者创建数据库连接，在 mapFunc 中会被创建 10 次，而在 mapPartitionsFunc 中只创建 3 次，这就大大地减少了开销。

6. 第六式：对数据序列化

对数据进行序列化可以使数据更紧凑、更小，以此减少网络的传输开销，但是会使访问对象的时间变长，因为需要对数据进行反序列化之后才能使用。

就现在来说，Spark 的默认数据序列化方式是调用 Java 的 ObjectOutputStream 框架。如果读者想提高序列化的效率，那么读者可以使用 kryo。

代码如下：

```
//conf 是 SparkConf 的实例
conf.set("spark.serializer", "org.apache.spark.serializer.KryoSerializer" )
//下面是序列化自定义的对象
conf.registerKryoClasses(Array(classOf[MyClass1], classOf[MyClass2]))
val sc = new SparkContext(conf)
```

如果系列化对象太大，那么可以设置 spark.kryoserializer.buffer 来进行调整。

关于 kryo 的更多信息可以在 https://github.com/EsotericSoftware/kryo 中找到。

7. 第七式：对空值进行处理

下面我们来看两个数据集，如图 9-14 所示。

id	name
	foo
2	bar
	bar
11	foo
	bar

id	name
null	bar
null	bar
3	foo
15	foo
2	foo

图 9-14

左侧数据集的处理速度如图 9-15 所示。

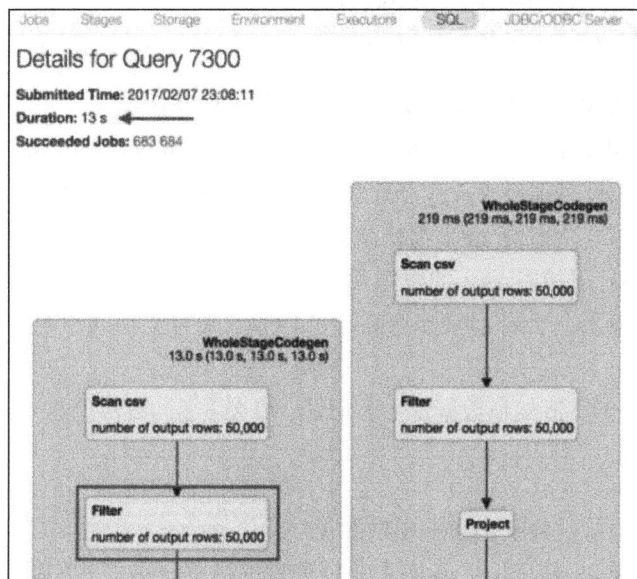

图 9-15

右侧数据集的处理速度如图 9-16 所示，这个图片来自 Keeping Spark on Track: Productionizing Spark for ETL。

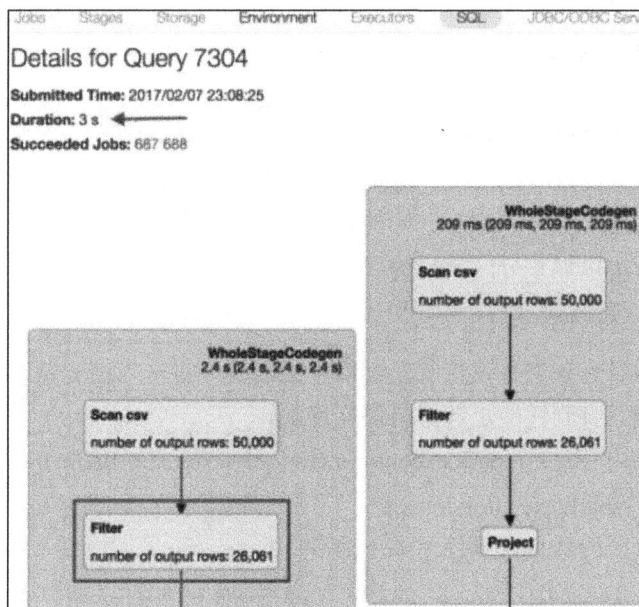

图 9-16

把空的数据转换成 Spark 支持的空值 "null" 之后，由于 filter 之后数据量大大减少了，因此速度就得到了提高。

9.6 解决数据倾斜问题

相信很多读者都听说过数据倾斜，那么数据倾斜到底是什么呢？

我们知道在进行 shuffle 的时候会将各个节点上 key 相同的数据传输到同一结点进行下一步的操作。如果某个 key 或某几个 key 下的数据的数据量特别大，远远大于其他 key 的数据，这时就会出现一个现象，大部分 task 很快就完成结束，剩下几个 task 运行特别缓慢。其至有时候还会因为某个 task 下相同 key 的数据量过大而造成内存溢出。这就是发生了数据倾斜。猛地一看，哇！数据倾斜怎么看起来那么高端，处理起来肯定很麻烦吧。其实不用过分紧张，且听我慢慢讲解。

兵来将挡，水来土掩。既然是数据发生了倾斜，那么主要的解决思路就是想办法让它不倾斜。

1. 调整分区数目

前提条件：task 上可以分配多个 key 的数据。

在发生数据倾斜的时候，某个 task 上需要处理的数据过多，我们可以调整并行度，使原本分配给一个 task 的多个 key 分配给多个 task ，这样需要 task 处理的 key 的数目就会减少，于是 task 上的数据量也就减少了。

在上一小节中，我们提到过一个配置属性 spark.sql.shuffle.partitions，一般把它的值适当地调大。这个方法只能缓解数据倾斜，没有从根源上解决问题。由于这个方法比较简单，推荐优先尝试使用。另外需要提一点，在进行了多次操作之后会有很多小任务产生，这时可以用 coalesce 来减少分区数。

并不是分区数越少越好，如果你的数据是几个特别大的并且不可分的文件，这时每个分区中都有大量的记录，分区过少则不能充分地使用 CPU 的所有核心。这种情况下就需要主动地（触发一次 shuffle）重新分区，增加分区的数量，以提高并行度。

有很多方法都有可以调整分区数目的参数，比如：

```
val rdd2 = rdd1.reduceByKey(_ + _, numPartitions = X)
```

关于这个分区数目应该怎么设置呢？一般来说需要一点一点地尝试，比如按父分区数*1.5这样一点一点往上调，直到性能足够好再停止增加。

每个任务可用的内存是：(spark.executor.memory * spark.shuffle.memoryFraction * spark.shuffle.safetyFraction)/spark.executor.cores。

如果想看一下分区的数目可以使用如下命令：

```
rdd.partitions().size()
```

2. 去除多余的数据

首先，查看每个 key 的数据量。

代码如下：

```
pairs.sample(false,0.1).countByKey().foreach(println())
```

如果发现导致数据倾斜的部分 key 对最后的结果没有影响，就过滤掉这些数据，从而避免数据倾斜的发生。

3. 使用广播将 reduce join 转化为 map join

（1）调整 spark.sql.autoBroadcastJoinThreshold 的大小，使其大于需要广播的小表，这样就会将小表自动广播。

（2）使用 broadcast 将小表广播。

这样可以避免发生 shuffle 操作，举个例子：

表一：id　class　score

表二：id　name

结果表：name　class　score

```
//下面的代码在 map 端执行 join，不经历 shuffle 和 reduce，执行效率比较高。
var broadcastTable = sc.broadcast(aSmallTable)//aSmallTable 是 Map 组成的 rdd
var result = bigTable.mapPartition( iter=>{
    var smallTable = broadcastTable.value
    var arrayBuffer = ArrayBuffer[(String,String,String)]()
    iter.foreach{case(id,class,score)=>{
        if(smallTable.contain(id)){
            arrayBuffer += ((smallTable.getOrElse(id,""),class,score))
        }
    }}
     arrayBuffer.iterator

})
```

4. 将 key 进行拆分，大数据化小数据

回顾一下数据倾斜的原因，单个 key 或某几个 key 的数据过多。既然数据过多，我们就想办法减少单个 key 的数据量。我们可以给 key 加上前缀，强行让它们不同。我们通过这种方式让本来应该到同一个 task 的数据分散到不同的 task 上，以此来化解数据倾斜的问题。

需要注意的是，对聚合操作 key 的拆分和 join 操作的 key 的拆分是不一样的。下面我们用几幅图来说明它们的原理以及不同之处。

不拆解 key 时的聚合操作如图 9-17 所示。

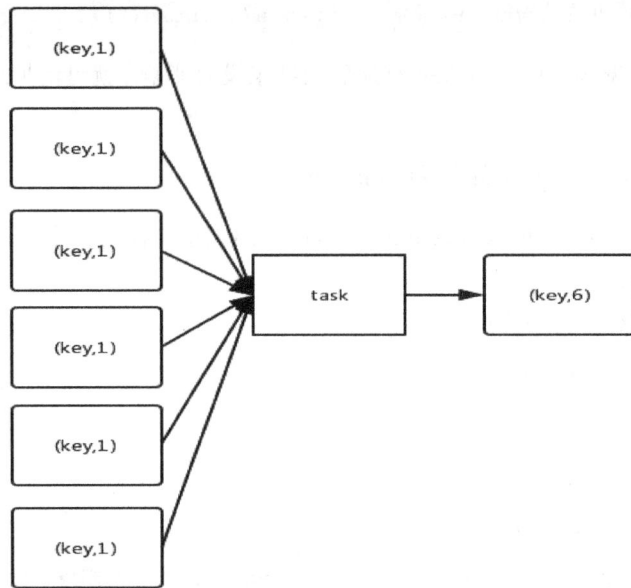

图 9-17

对于聚合操作 key 的拆解如图 9-18 所示。

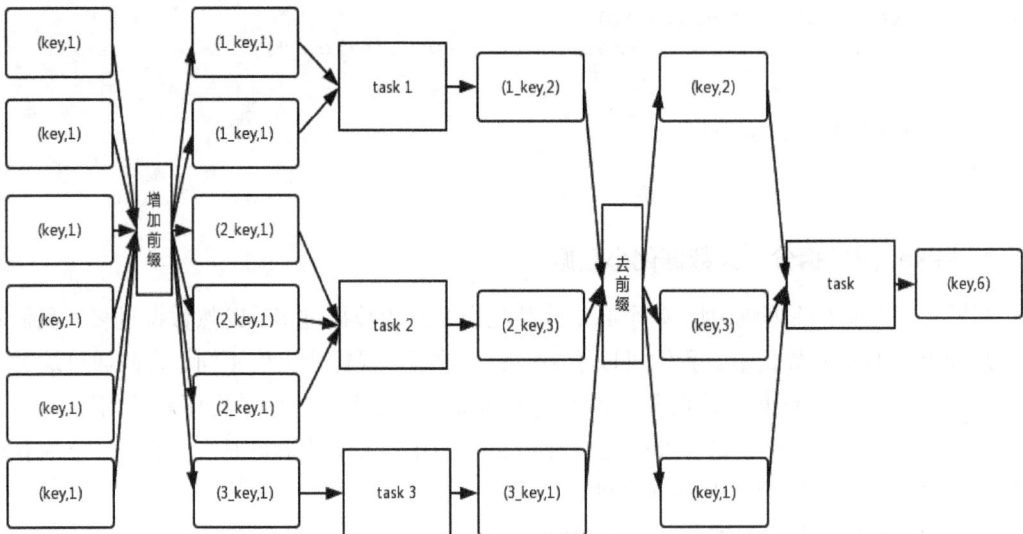

图 9-18

图 9-18 展示的是对相同 key 随机加了前缀，于是将 key 拆分，使它们分布在不同的 task 上，然后逐步聚合。这样就能比较有效地化解数据倾斜的问题。

对于 join 操作 key 的拆解如图 9-19 所示。

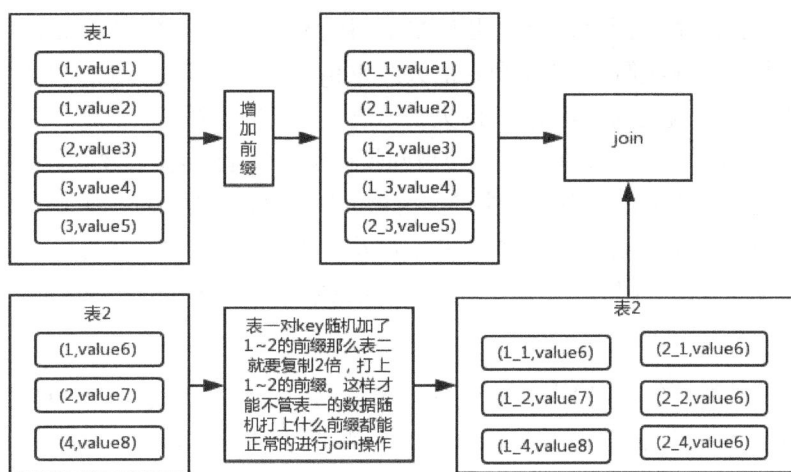

图 9-19

这里的原理其实和上面聚合的原理差不多，只是需要注意：一张表加 N 种前缀，另一张表则翻 N 倍，这样才能正常地连接。（这样会使内存资源的消耗翻倍，使用的时候要仔细斟酌。）

其实数据倾斜这个问题的解决有多种技巧，这里就给读者列出容易上手的几种。剩下的需要读者根据实际的环境和需求进行优化。

看完了前面讲的优化，还不够过瘾？下面我们再来探索一下 Tungsten 与 Catalyst 吧！

9.7　Spark 执行引擎 Tungsten 简介

在学习 Spark 的过程中，大家或多或少都见到过 Tungsten 和 Codegen（Code Generation）这样的字样。这些是什么呢？下面我们详细说一下。

Tungsten 是 Spark 的一部分。它的目标是提高 CPU 和内存的利用率，使性能接近硬件所能到达的极限，以此让 Spark 应用程序执行得更快。

Tungsten 从下面的三个方面对 Spark 应用程序进行底层的优化。

● Off-heap Memory Management and Binary Processing：将数据格式化为二进制，对内存进行显式的管理，减少 JVM 对象模型和 JVM 垃圾回收的开销。

● Cache-aware Computation：Tungsten 通过设计缓存的算法和数据结构来提高缓存的命中率。

● Runtime Code Generation：使用代码生成来充分利用编译器和 CPU 的性能。

1. Memory Management and Binary Processing

JVM 存在下面两个问题。

（1）内存消耗大："abcd"用 UTF-8 表示则是 4 bytes，在 Java 的 String 中远远超过 4bytes。

由于 Java 要实现通用性，因此 Java 采用 UTF-16 来存储字符，这样一来"abcd" 4 个字符就占到了 8 bytes。加上之前我们在 9.5 节所说的大约 40bytes 的"头"。这样一来在 JVM 的对象模型中 4bytes 的字符串就达到了 48bytes 的大小，浪费了大量的内存。

（2）垃圾回收消耗大：简单来说，垃圾回收将对象分为两类，一类是新的，一类是老的。垃圾回收器通过评估它们的生命周期来管理对象。当评估准确的时候，这种回收的方式就是有效的，反之则回收失败。这种方式最终是基于启发式和估计的。如果需要获得良好的性能就要对 GC 进行调优（有很多调优参数）。在大部分大数据的工作场景下，常规的 Java GC 表现得不是很好。

Spark 知道数据是怎么在不同的计算阶段和不同的工作范围之间流动的，所以 Spark 比 JVM 更了解内存块的生命周期，这意味着 Spark 能比 JVM 更有效地管理内存。

为了有效地解决上面两个问题，Spark 引入了一个显式的内存管理器（Tungsten 的一部分）。它直接将 Spark 操作转化为直接对二进制数据进行操作，不对 Java 对象操作（通过 sun.misc.Unsafe 构建，sun.misc.Unsafe 是 JVM 提供的高级功能，它使用了类似 C 语言风格的内存访问方式，比如显示分配内存、回收以及指针等）。Spark 通过这个 API 构建的数据既可以放在堆内存里面也可以放到堆内存外面。此外，Unsafe 方法是最原始的，这意味着每个方法调用都会被 JIT 编译成为单个机器指令。

2. Cache-aware Computation

我们知道 CPU 的 Cache 速度比内存速度要快上很多倍。开发人员在分析 Spark 用户程序的时候发现：大部分 CPU 时间都是用来等待从内存中获取数据。Tungsten 通过设计更好的缓存算法和数据结构来更有效地使用 CPU 的 L1/L2/L3 三层缓存（部分 CPU 只有两层缓存）以此提高数据的处理速度。这样一来 CPU 耗费在从内存中获取数据的时间将大大减少，CPU 将腾出更多的时间来做计算。

3. Code Generation

Code Generation 的过程如图 9-20 所示，该图片来源于 Keeping Spark on Track: Productionizing Spark for ETL。

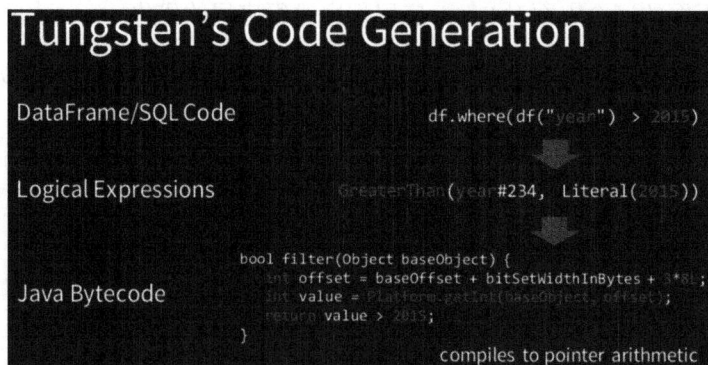

图 9-20

Code Generation 主要的过程就是代码→逻辑表达式→Java 字节码,以此来充分利用编译器和 CPU 的性能。

9.8 Spark SQL 解析引擎 Catalyst 简介

Spark SQL 中包含一个解析引擎,这个解析引擎是 Catalyst。下面我们介绍 Catalyst,结合如图 9-21 来看一下。

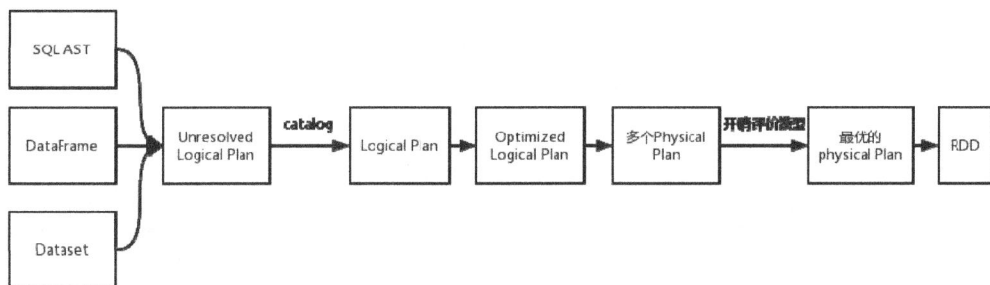

图 9-21

(1)首先是 SQL 语句经过 Catalyst 的 Parser 模块被解析成 Unresolved Logical Plan(未处理的逻辑计划),这计划又可以称为语法树(生成树的时候会用到 Catalyst 中的 trees 和 rules 模块,其中 rules 是生成树时的转换规则),此时数据都没被绑定到计划中。

(2)然后在 Analysis 模块中使用 Catalog 将数据(比如名称、数据类型等,详细的可以参看图 9-22,这个图的结构来自 unresolved.scala 文件中的一部分)绑定到 Unresolved Logical Plan 中,形成 Logical Plan。

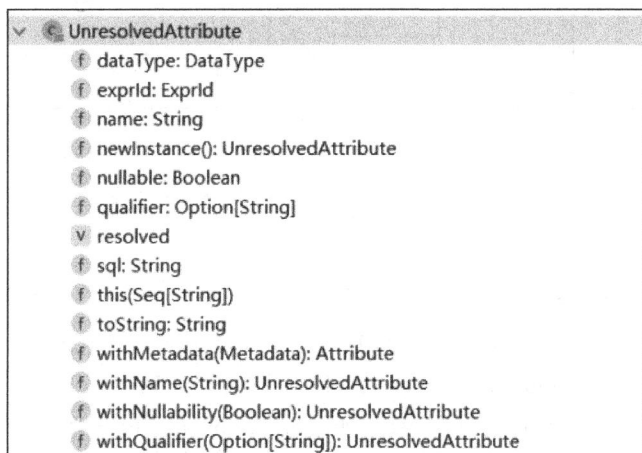

图 9-22

我们根据执行计划再来分析一下 Analysis 的过程，计划如图 9-23 所示。

```
scala> spark.sql("select id , name from table where age<=25").queryExecution
res4: org.apache.spark.sql.execution.QueryExecution =
== Parsed Logical Plan ==
'Project ['id, 'name]
+- 'Filter ('age <= 25)
   +- 'UnresolvedRelation `table`

== Analyzed Logical Plan ==
id: string, name: string
Project [id#24, name#25]
+- Filter (cast(age#23 as int) <= 25)
   +- SubqueryAlias table
      +- Relation[age#23,id#24,name#25] json

== Optimized Logical Plan ==
Project [id#24, name#25]
+- Filter (isnotnull(age#23) && (cast(age#23 as int) <= 25))
   +- Relation[age#23,id#24,name#25] json

== Physical Plan ==
*Project [id#24, name#25]
+- *Filter (isnotnull(age#23) && (cast(age#23 as int) <= 25))
   +- *FileScan json [age#23,id#24,name#25] Batched: false, Format: JSON, Locati
on: InMemoryFileIndex[hdfs://localhost:9000/user/root/employee.json], PartitionF
ilters: [], PushedFilt...
```

图 9-23

将图 9-23 所示的前两个计划的转化过程用语法树形式表示成图 9-24 所示的那样，这样直观一点。

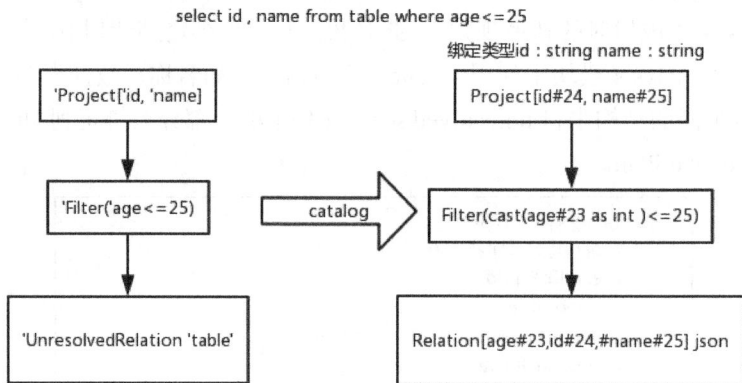

图 9-24

（3）在我们将得到的 Logical Plan 传入 Optimizer 模块中，进行一系列的优化，比如谓词下推、常量折叠、空值传递等优化操作。优化之后我们就得到了 Optimized Logical Plan（优化之后的逻辑计划），然后用 Optimized Logical Plan 生成多个 Physical Plan（物理计划）。因为 Spark 在不同的情况下会有不同的算法策略，所形成的 Physical Plan 也不一样，下面的 apply 方法源码（来自 SparkStrategies.scala 文件 SparkStrategies 类 JoinSelection 对象中的 apply 方法）就说明了这一点（有多种 join 的方式）。

代码如下（简单看看了解一下大体的结构就行，不用逐行细看）：

```
def apply(plan: LogicalPlan): Seq[SparkPlan] = plan match {
  // --- 这里是 BroadcastHashJoin
-----------------------------------------------------------------
  case ExtractEquiJoinKeys(joinType, leftKeys, rightKeys, condition, left,
right)
    if canBuildRight(joinType) && canBroadcast(right) =>
    Seq(joins.BroadcastHashJoinExec(
      leftKeys, rightKeys, joinType, BuildRight, condition, planLater(left),
planLater(right)))
  case ExtractEquiJoinKeys(joinType, leftKeys, rightKeys, condition, left,
right)
    if canBuildLeft(joinType) && canBroadcast(left) =>
    Seq(joins.BroadcastHashJoinExec(
      leftKeys, rightKeys, joinType, BuildLeft, condition, planLater(left),
planLater(right)))
  // --- 这里是 ShuffledHashJoin
-----------------------------------------------------------------
  case ExtractEquiJoinKeys(joinType, leftKeys, rightKeys, condition, left,
right)
     if !conf.preferSortMergeJoin && canBuildRight(joinType) &&
canBuildLocalHashMap(right)
       && muchSmaller(right, left) ||
       !RowOrdering.isOrderable(leftKeys) =>
    Seq(joins.ShuffledHashJoinExec(
      leftKeys, rightKeys, joinType, BuildRight, condition, planLater(left),
planLater(right)))
  case ExtractEquiJoinKeys(joinType, leftKeys, rightKeys, condition, left,
right)
     if !conf.preferSortMergeJoin && canBuildLeft(joinType) &&
canBuildLocalHashMap(left)
       && muchSmaller(left, right) ||
       !RowOrdering.isOrderable(leftKeys) =>
    Seq(joins.ShuffledHashJoinExec(
      leftKeys, rightKeys, joinType, BuildLeft, condition, planLater(left),
planLater(right)))
  // --- 这里是 SortMergeJoin
-----------------------------------------------------------
  case ExtractEquiJoinKeys(joinType, leftKeys, rightKeys, condition, left,
right)
    if RowOrdering.isOrderable(leftKeys) =>
    joins.SortMergeJoinExec(
      leftKeys, rightKeys, joinType, condition, planLater(left),
planLater(right)) :: Nil
  // --- Without joining keys
```

```
-------------------------------------------------------------
    //---这里是 BroadcastNestedLoopJoin
    // Pick BroadcastNestedLoopJoin if one side could be broadcasted
    case j @ logical.Join(left, right, joinType, condition)
        if canBuildRight(joinType) && canBroadcast(right) =>
      joins.BroadcastNestedLoopJoinExec(
        planLater(left), planLater(right), BuildRight, joinType, condition) ::
Nil
    case j @ logical.Join(left, right, joinType, condition)
        if canBuildLeft(joinType) && canBroadcast(left) =>
      joins.BroadcastNestedLoopJoinExec(
        planLater(left), planLater(right), BuildLeft, joinType, condition) :: Nil
    // Pick CartesianProduct for InnerJoin
    case logical.Join(left, right, _: InnerLike, condition) =>
      joins.CartesianProductExec(planLater(left), planLater(right),
condition) :: Nil
    case logical.Join(left, right, joinType, condition) =>
      val buildSide =
        if (right.stats(conf).sizeInBytes <= left.stats(conf).sizeInBytes) {
          BuildRight
        } else {
          BuildLeft
        }
      // This join could be very slow or OOM
      joins.BroadcastNestedLoopJoinExec(
        planLater(left), planLater(right), buildSide, joinType, condition) :: Nil
    // --- Cases where this strategy does not apply
-------------------------------------------------------------
    case _ => Nil
  }
```

（4）生成了多个 Physical Plan 之后，问题来了，到底使用哪一个？这就需要通过开销评估模型从众多 Physical Plan 中挑选一个最优的计划。

（5）执行挑选出来的计划。

9.9 本章小结

到此，本章的内容就讲完了。本章的主要目的是带大家了解一下 Spark 的执行流程，掌握 Spark SQL 的优化思想，以及了解 Spark 执行引擎 Tungsten 与 Spark SQL 的解析引擎 Catalyst 的工作流程。